JN181842

SEとプロマネを極める

仕事が早くなる文章作法

増補改訂版

日経コンピュータ

Osamu Fukuda　Michiko Toyota
福田 修・豊田 倫子 著
日本情報システム・ユーザー協会 編

日経BP社

はじめに

筆者の本業はプロマネ（プロジェクトマネジャ）だが、ここ数年は本業をそっちのけにして、ソフトウエアに関わるSE（システムズエンジニア）とプロマネを対象に、文章作法の研修やセミナーを実施してきた。これまで研修で接した技術者は6000人、セミナーで接した人は4000人に及ぶ。

延べ1万人に教えた経験から分かったのは、ソフトウエアに関わるSEとプロマネの文章力、すなわち言葉の力が訓練されていないということであった。訓練には教材が必要である。そこでSEとプロマネが文章を書くうえで必要となる事柄を本書に網羅した。仕様書、設計書などソフトウエア関連文章を書くための知識はこの一冊で事足りるはずである。

残念なことに「SEやプロマネのための文章作法」と聞いた途端、首をひねる人々がいる。疑問の一つは「なぜSEやプロマネに教えるのか」であり、もう一つは「大人の日本人に日本語を教える必要があるのか」というものである。

最初の疑問についてまず答えたい。筆者は「SEとは言葉を道具として使いこなす技術者である」と言って憚らない。ここでいう「言葉」とはプログラミング言語ではなく日本語そのものを指す。プロマネも同じであり、両者に文章作法は不可欠である。

ソフトウエア開発プロジェクトにおける成果物を思い浮かべてほしい。筆者の多年に渡る経験から言って、すべての成果物に占める文章の量は7割に及ぶ。ソフトウエアそのものの量は全体の3割程度しかない。参考のために巻末に「ソフトウエア関連工程一覧」を添付しておいた。これを見れば明らかなようにソフトウエア関連工程は200工程以上あり、各々の工程に文章が伴う。

「成果物における文章は付加的な存在に過ぎない。ソフトウエアそのものが文章より大切」「要求仕様は変わるのが当たり前。子細に書くのは無駄」と放言する人を見かけるが、次の点を忘れている。

ソフトウエアは目に見えず手に取って確認できない論理構造の塊である。ソフトウエアに関わる仕事をするものは（常にものごとを）考え抜かなければならないが、思考は言語化されなければ存在しないのと同じである。そもそも思考そのものが言語によって行われる。ガリレオ・ガリレイは「書きとめよ！議論したことを風の中に吹き飛ばしてはならない」と言った。会話も一つの言語だが、書き留めなければ風に吹き飛ばされてしまう。文章として記録することで共有が可能になる。

文章力とは正確で迅速に書く力を言う。経験的に言えることがある。文章力が高い技術者は仕事ができる。逆もまた真であろう。正確に、しかも素早く書ける人はよく考える人だからである。

プロマネの立場から考えてみよう。プロマネの必達事項は「納期・品質・コスト」である。プロジェクトチームの面々の文章力が弱かった場合、納期と品質は言うに及ばす、コストに直接悪影響を及ぼす。技術者の文章力がコストに及ぼす影響について理解している会社経営者と管理職は意外と少ない。

SEが書いた設計書や仕様書に誤謬があればシステムのバグに直結する。誤謬があってはならぬ。従って、プロマネはプロジェクトメンバーの文章力の向上に多分の時間を投下することになる。

筆者のもともとの専門はオペレーティングシステムであり、そこから派生してプログラミング言語の設計と開発に従事した後、プロマネとして活動するようになった。あまりに多忙を極めたので、ある時、3カ月ほどかけて自分の稼働時間を集計し分析した。その結果は、発注主との打ち合わせが20パーセント、社内と協力会社との打ち合わせが30パーセント、プロマネとしてすべき計画立案や問題分析が20パーセントであった。

我ながら驚いたのは残る30パーセントの時間をプロジェクトメンバーの文章指導にあてていたことだった。設計書を査読すると必ずと言ってよいほど用語の間違い、文法の間違い、表現の矛盾などがある。これを手直しさせ、再度査読することを繰り返す。ソフトウエア技術者の弱い文章力が開発に悪影響を与えていることは現場では切実な問題だった。

当然、コストの問題にもなる。SEの時間単価を4000円と仮定する。あるSEがA4サイズの設計書や仕様書を1枚1時間で書けば、その文書の原価は4000円である。本来1時間で書くべき所を1時間半を要して書けば原価は6000円になる。1枚を1日かかって書くとすれば原価は3万2000円に跳ね上がる。如何に文章力がソフトウエア開発のコストに直結しているか、歴然としている。

ここでもう一つの疑問に答えよう。「大人の日本人に日本語を教える必要があるのか」である。欧米ではテクニカル・ライティングの講義が高校からある。日本の大学でテクニカル・ライティングを教えているところは少ない。かつての日本企業には先輩が後輩の報告書を査読する習慣があったが、今は失われた。訓練しなければ言葉は上達しないという認識が不足している。大学を出ているから文章は書ける、日本人であれば日本語ができて当たり前、いずれも思い込みにすぎない。

笑い話を二つ挙げる。ある企業で人事部の研修担当者が社員の文章力が弱い事を懸念して研修を企画した。研修名を「やり直し日本語講座」として稟議に掛けたところ却下された。理由は「なぜ日本人がいまさら日本語を勉強するのだ」ということだったらしい。そこで研修名を「正確な仕様書の書き方」としたところ稟議は決裁された。

また、ある公共機関が研修名を「ソフトウエア文章作法講座」として稟議にかけたところ、これまた差し戻されてしまった。「できて当たり前のことをやるな」という理由であった。それならばと「テクニカル・ライティング講座」と研修名を変更したら、すんなり決裁されたそうだ。どちらの組織も、母語としての日本語に対する認識があまりにも弱い。別の言い方をするなら、日本語をなめている。

苦言が続いたが、文章を書くことは一つの技術である。技術であれば知識と理解と思考と訓練とによって習得できる。現役のSEやプロマネはもちろん、SEやプロマネを擁する組織の管理者や経営者、そしてソフトウエアを勉強している学生には、本書をぜひとも読んでもらいたいと思う。若いときに基礎を身に付けておけば後の成長が必ず早くなる。

企業の経営者は人件費を下げることに躍起になるのではなく、投下した人件費の価値を高める、すなわち社員一人ひとりの生産性を向上させることに取り組んでほしい。そのためには社員の文章力を向上させることである。時間を要する活動だが、長い目で見れば必ず結果が出るのだからやらぬ訳にはいくまい。

我が国には一般企業に28万人、IT企業に85万人のソフトウエア技術者が存在すると「IT人材白書2016」（情報処理推進機構）にある。これらの人々が文章力を向上させ、生産性を高めることは一企業の利益にとどまることではない。

筆者　記す

目次

1章

あなたの文章力、いかがですか？

1-1 外国人にも分かる日本語文章を書く

本章の目的

「文章」はその文章が使われる状況によって位置づけが変わります。本書で扱う「文章」は、ソフトウエア開発に伴う文章です。もう少し具体的に示しますと、巻末に添付した「ソフトウエア関連工程一覧」に列挙された工程に伴う文章を意味します。ソフトウエア文章の本質は技術文章の一つであるということです。従って技術文章について理解することがソフトウエア文章を理解することに繋がります。

図1-1●文章の階層構造

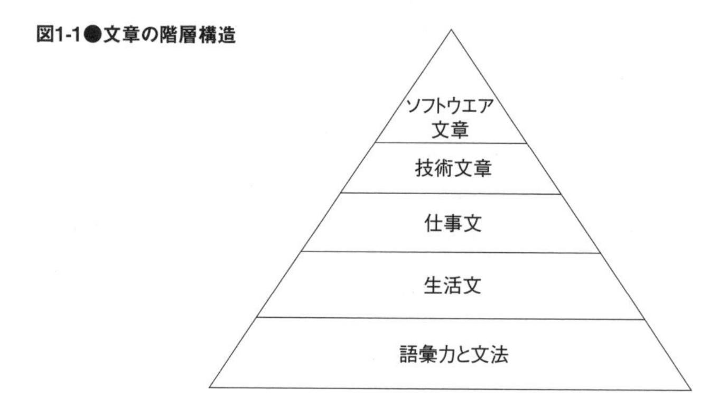

では、そもそもソフトウエア文章とは何でしょうか。そしてどのような位置づけにあるのでしょうか。まずは、そのことについて大筋を案内します。ここで説明することが理解できれば文章力を鍛える道筋についても自ずと分かるようになるでしょう。

語彙力と文法が文章を支える

技術文章とは何かを説明するだけで、一冊の本になってしまいます。ここでは技術文章とは、「設計書・仕様書・企画書・研究報告書・事故報告書・研究論文・マニュアルなどである」という理解で十分でしょう。

技術文章を書くためにはテクニカル・ライティングという技術が必須になります。英語圏では技術系の学問であればこのテクニカル・ライティングの講義が1カ月ほど実施されます。一方、日本の大学ではこれを教えているところが案外少ないのです。

技術文章を十全と書くためにはその土台として仕事文を書ける文章力が不可欠です。仕事文とは報告書や計画書など仕事上で書かれる文章のことです。さらに仕事文を書くためには生活文が書ける必要があります。生活文とは手紙とか日記を指します。

これら四つの文章を根底から支えているのが語彙力と文法なのです。従って語彙力が十分にあって日本語文法が分かって使いこなせることが基本中の基本になります。

語彙力と文法については、それぞれ後で解説します。ここで理解していただきたいことは一足飛びにソフトウエア文章に取り組むわけにはいかないということです。基礎体力をしっかりと身につけて一つ一つ階段を上がるように地道な訓練が必要なのです。

これを間違うと「五分で分かる仕様書の書き方」などと題した本に飛びつく羽目になりかねません。この事を風月花伝書をしたためた世阿弥は「守・破・離」にあると見極めました。「守」とは基本のこと。ソフトウエア文章の場合は語彙力と文法です。「破」は基本を改善すること。「離」とは自分独自の方法論を構築することです。世阿弥は「能」の人です。「能」は日本伝統芸能の一端を照らす芸術の一つです。そこにあっても世阿弥は基本が大切だと言い切っています。SEにとっても基本無くして大きな成長は得られないでしょう。

外国人に正しく伝えられるか

外国人の技術者とチームで仕事をした経験のある人は分かるでしょう。彼（彼女）らは実によく質問します。その内容を整理すると、大半が日本語表現の不明瞭な部分です。単語そのものが分からないという質問はほとんどありません。それらは辞書を調べれば分かるからです。唯一単語に関して質問されるのは、誤字と脱字です。

ではどのような日本語表現が彼らには分かりにくいのでしょう。いくつか特徴があります。

まず、日本語で書かれた仕様書をもとにプログラミングを担当した外国人技術者の質問です。その仕様書には次のように書かれていました。

「スーパバイザ・コマンドを用いて、メモリー空間に512Kバイトの初期エリアが確保される」。

外国人技術者の質問は次のようなものです。「初期エリア確保の処理はどこのプロセスで行われるのですか」。

つまり、仕様書を書いた人物は、「スーパバイザ・コマンドを用いて、メモリー空間に512Kバイトの初期エリアを確保せよ」と言いたかったのです。それを受け身表現にしたため、この外国人技術者は混乱してしまいました。日本人なら何とか理解するでしょう。しかし、設計書は原則受け身では書かないものです。

次に多い質問がカタカナ用語です。特にソフトウエアの場合には、漢字にならずカタカナで用いられる技術英語が氾濫しており、彼らを混乱させます。「ヌルデータがあればスキップする」という「ヌル」が分からないというのです。「ヌル」とは「Null」と書かれ、正確には［n∧l］という発音です。「ナル」でなく「ノゥル」に近い発音をします。これなどは「16進数で00のデータ」としておけば十分だったでしょう。ローマ字読みで間違って発音を理解し、それをカタカナ表記したものだから混乱させたのです。さらに多いのがEの発音をカタカナにした場合です。Eは英語では「イー」ですが、ローマ字では「エー」です。このため、externalを「エクスターナル」と書いても分からないのです。不用意なカタカナの乱用で混乱を招くようなら、最終手段として英語で書けばよいのです。

次は日本語表現の問題です。「全データからエラーを取り出し、ディスクに保存する」と処理内容が書かれていました。質問は、「エラー・データを保存するのか、エラーを取り除いた正しいデータを保存するのか」というものです。これなどは、「全データからエラー分を取り除き、正しいデータをディスクに保存する」と書くべきでしょう。

最後に例として挙げる質問はさらに高度です。その仕様書には次のように書かれていました。

「メモリー上にデータ・テーブルを作成し、与えられた引数をもとに2進サーチを行う」。

この仕様に対する質問は次のようなものでした。

「なぜ2進サーチをするのか。逐次サーチのほうが良いではないか」。

その理由を聞くと、データ・テーブル（＝アレイ）の要素数が100件しかないので、逐次サーチのほうがアルゴリズムは簡単で、しかも処理速度が速い、というものでした。下手にアルゴリズムを指定するよりも、入力条件と求める結果だけを示したほうがよく理解してもらえることが多いのです。

このような例から分かると思いますが、外国人に分かりやすい日本語は、日本語としても簡明で理解しやすいものなのです。日本語を外国語の視点から評価してみるという理由には、このような効果があります。

1-2 説明文を書いてみる

この章で学ぶこと

課題の指示に従って文章を書いてみることで、自分の文章力を知ることが目的です。もちろん、誰が書いても同じ文章にはなることはあり得ません。大事なことは、読む人に自分が書いた文章の意味が正確に伝わることです。

日本の学校教育では、作文の練習と指導はありますが、ソフトウエア文章の指導を行っている教育機関は極めて少ないのです。教えてもらっていなければ分からないのは当然です。従って、正確な文章を現時点であなたが書けなくても、それ自体はあなたの責任ではありません。

また、会社においても以前は、先輩が後輩の文章に朱を入れて、正しい文章の教育を行っていました。しかし、ワープロや電子メールの利用が高まるにつれ、このような教育は行われなくなりました。さらに、先輩が後輩を指導するといった文化もすたれていったようです。

重要なことは、自分の文章力を正しく知ることで、弱点を克服することができる点です。

孫子の兵法は「彼ヲ知リ己レヲ知レバ、百戦シテ危ウカラズ。彼ヲ知ラズシテ己ヲ知レバ、一勝一負ス。彼ヲ知ラズ己レヲ知ラザレバ、戦ウゴトニ必ズ危ウシ」と説いています。ここで言う彼とは、あなたの書いた文章を読む人ですね。自分の文章力を知り、読む人の読解力を知れば、百戦百勝だと言うのです。

これから出題する問題を解く際には、次の4点を意識して取り組みましょう。

① 難しいでしょうが、まず文章を書いてみる。書く努力をするのが最初の目標です。

② 自分の文章の癖を発見しましょう。知らず知らずのうちに癖がついているものです。

③ 悪い文章の例を読んで、なぜそれが悪いのかを研究しましょう。

④ 文章力を高めるために、日常心がけることを学びましょう。

書くことと、考えることと

まず、文章を書くとはどのような行為なのかを考えてみましょう。文章を書くことが苦手と思っていたり、自分は文章が下手だと思っていたりする人にとっては、文章を書く行為とはどのようなものなのかを理解することは大切なことです。

文字はいつのころから使われ始めたのでしょう。シュメール系楔形文字の最古の資料はメソポタミア南部の遺跡ウルクの第Ⅳ層で発見された絵文字に近い古拙文字で、紀元前3100年ごろのものと推定されています。また、中国に残る古い伝説では、紀元前2700年ごろ黄帝という天子に仕えていた蒼頡という人が、鳥や獣の足跡にヒントを得て、初めて漢字を作ったと伝えられています。人類が文字を発明したのは、今から約5000年前ということでしょう。

私たち人類の先祖が文字を発明したのは、記録を残したり、意思を伝えたりするために必要だったからだと考えます。おそらく当時は、粘土板や石に文字を刻んだり、木や竹の板に書いたりしていたでしょうから、思いつくまま大量の文字を書くことはできなかったと考えられます。紙が発明されても、当時は高価で貴重なものですから、文字を書くことのできる量は限られていたでしょう。

私たち人間の思いというものは無尽蔵に生まれてきます。しかし、思いを文字に変えて文章にすることには物理的な限界があります。この二つの矛盾が、文章を書く行為を難しくしているのだと言えるでしょう。物理的に限られた容量に思いを収めることの難しさです。ここから「考える」という作業が必要になります。

では、考えるとはどのような行為なのでしょうか。文芸評論家の小林秀雄は講演録『信ずることと考えること』[注1]の中で、「考える」ことを古い日本語では「かむかふ」と言っていたと述べています。「かむかふ」の「か」は意味を持たない枕詞のようなもので、「む」は「み」が転じたもの、つまり「身」で人間のこと、「かふ」は「交ふ」で交わることだと言っています。小林秀雄は、人間の考える行為を、自分と他人が思いを交えることだと言うのです。一方、古い日本神道では、「考える」を「かみかふ」としたようです。「かみかふ」とは「神交ふ」です。人間の思いは、神すなわち天から来るもので、天の雫（しずく）である人間が、天と思いを一つにすることだとしています。

このことから、日本では「考える」とは、自分の思いを自分以外の人に伝えるための工夫だとしていたようです。さらに、その工夫を効率よく行うために、古来、日本では言葉を「ことのは」と呼び、魂があるものとしていました。言葉には魂があるのだからやたらと濫用してはならないとしています。言葉を濫用すれば、魂が抜けてゆくと信じられていたのです。別の言い方をすれば、しゃべりすぎは思考停止を招くということです。

そう言えば、最近の日本人は男女を問わずよくしゃべります。昔の日本人は、おおむね寡黙でした。戦前、戦中の14歳から20歳の日本人の若者が書いた書簡を見てみると、見事な文章が書かれています。みなさんも一度読んでみるとよいでしょう。

現代の若者が文章を上手く書けないのは、案外しゃべりすぎが原因かもしれません。いずれにしても、考えるという行為は、雑然と思うのではなく、論理的で知的な脳の神経活動だと言うことです。

伝えたいことを伝えるために

意味はどのように伝わるのか、あるいはなぜ伝わらないのかについて考えてみましょう。考える材料として、コンピュータが書いた詩を用います[注2)]。コンピュータが詩を書いたといっても、人間がプログラムを作って文章を生成させたという意味です。

まず辞書を準備します。「動詞」として指定された一連の語、例えば、Blush、Brighten、Wailなどです。形容詞としてRotted、Dusty、happyなどの語も与えます。名詞としては、Skin、Tower、earthwormなどを与えます。次に文法を与えます。これは、

＜文＞＝＜動詞の命令形＞＋like＋a＋＜形容詞＞＋＜名詞＞

と言った事項です。

「詩を書くプログラム」は、辞書から必要な語を選んで、与えられた文法に従って、それらを任意に配列していきます。こうして作られた文章が次のようなものです。

O poet,	詩人ヨ
Blush like a rotted skin ;	腐ッタ皮膚ノ如ク顔ヲ赤ラメヨ
Brighten like a dusty tower ;	埃ニマミレタ塔ノ如ク明ルク輝ケ
Wail like a happy earthworm ;	幸セナミミズノ如ク泣キワメケ

このような文章が綿々と出力されます。

さて、このような表現に出会った場合、私たちは奇異な印象を持ちます。何かおかしな表現に感じるわけです。大事なことはこの点です。何かおかしな表現に感じるのは、何かおかしなことを言っているのが分かると言うことです。つまり、この文は私たちに分かるような組み立て方をされていることを意味します。これは文型が文法に従っているために、何かおかしいと感じさせる文法の力です。では何がおかしいのでしょうか。

すでに文法は正しいのですから、おかしいと感じさせているのは、文法よりもさらにきめの細かい何かがおかしいからです。つまり「語法」レベルの決まりに違反しているからです。

それぞれの語には、社会的な慣用としての「意味」があります。さらにその語が他のどのような「意味」を持つ語とならば適切に結合できるか、という決まりがあるのです。この「結合の相手となる語の選択に関して課せられる制限」という意味で、語法は言語学では「選択制限」と呼ばれています。

具体的には、「愛らしい」という形容詞は、「ぬいぐるみ」や「赤ちゃん」には、「愛らしいぬいぐるみ」や「愛らしいあかちゃん」などのように使うことができますし、「愛らしい口もと」や「愛らしいしぐさ」などとも使うことができます。しかし、「愛らしい軍人」とか「愛らしい六十歳」とするとやはり奇異に感じます。「愛らしい」とは、弱さ・小ささ・美しさをもっていて愛すべき様子を表す形容詞だから、この形容詞が「軍人」という強さ、力を示す名詞とは選択制限により結合できないからです。

この選択制限について注意しておかなければならないことは、語と語の結合が、その結合によって表現される対象の客観的な姿によって決まるのではなく、文章を書く立場でどのようにとらえたかによって決まる点です。

このことをもう少し詳しく考えてみましょう。通常我々は表現された文と向き合う場合、その文の意味を、我々が持っている常識的な世界と付き合わせて関連付けることで解釈を行います。ところが、常識との関連が見つからない文に出会うと、これとは逆の解釈過程をたどります。最初に文の「意味」を受け入れた後に、それに合った新しい世界を作り出すのです。

例えば、先ほどのコンピュータが作った詩の一部分である「幸セナミミズノ如ク泣キワメケ」というのは常識的にはナンセンスな文です。しかし、発声器官がないにもかかわらず、古くから「ミミズは鳴く」と言われています。これを前提に、この文の意味を（いささか強引に）受け容れようとすれば、「泣く」を「鳴く」のことだと見なして、「ミミズは幸せなときには鳴く」のだ、という解釈ができます。

文章を書くというコミュニケーションの手段は、「書き手」と「読み手」という当事者がいます。両者はそれぞれに自分なりの常識を持っています。この常識をもとに、言語表現の「意味」を「解釈」し、「理解」しようとします。ところが、この解釈の方法には2通りあって、常識からの意味を解釈する場合と、意味の受け容れから入って、自らの常識を組み替える場合があると言うことなのです。

ソフトウエア文章は、読み手の常識から意味を解釈されるべきで、読み手に意味を受け容れさせ常識を組み替えさせて解釈させるべきではありません。後者のような表現は、文芸の世界で用いられるコミュニケーション方法です。詩などがその典型です。

図1-2●町の全体と会社の地図

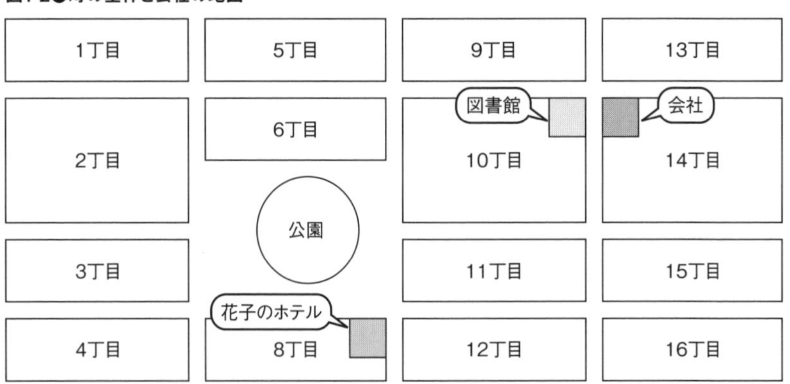

ソフトウエア文章で伝えたいことを伝えるためには、読み手の常識を考慮すること、そして、意味を先に受け容れさせず、新しい解釈を与えない用心深さが必要だと言うことです。

どのように分かりやすく説明するか

それでは、例題を示します。次の文章を読んでください。

花子は、就職のためにある会社の面接を受けなければなりません。その会社は花子の知らない町にあります。花子は、会社のある町のホテルに前泊することにしました。

あなたは花子が面接を希望している会社の採用担当です。前のページの地図を見て、花子にホテルから会社までの道順を、花子が迷わないように文章で説明してください。花子は地図を持たず、唯一の目印となる図書館は見落としやすい小さな建物です。あなたの案内だけが頼りです。

回答の案内文を以下に記述してください。

次の問題です。コンピュータに関して全く知識のない人がマウスを使おうとしています。この人に下の図のようなマウスの機能と使い方を教える文書を、A4用紙1枚以内で作成してください。

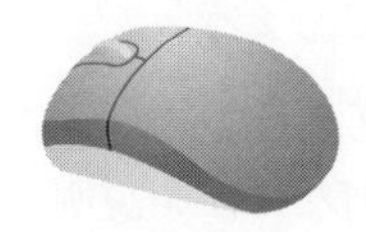

1-3 考え方の手順

地図の問題についての考察

花子さんへ、あなたの会社までの道順をうまく説明できましたか。この例のような場所や位置を、絵や地図を用いずに文章だけで説明する方法として、三つ紹介します。

【解答例A】 ホテルを出たら、公園を左手にしながら一つ目の通りを横切り、次の通りを左折する。左折したら二つ目の通りの手前左に図書館があるので、通りを挟んだ反対側が会社になる。

【解答例B】 2ブロック北へ行き、それから図書館を見つけるまで東へ行く。図書館の道路を挟んだ東側が会社になる。

【解答例C】 この町は、東西南北にそれぞれ五つの通りで区切られた格子状のブロックで展開されている。東西に4ブロック、南北に4ブロックの構成である。北の方角は、花子のホテルから公園を見た方向になる。花子のホテルは、北から4ブロック目、西から2ブロック目にある。公園は北から3ブロック目、西から2ブロック目にある。会社は北から2ブロック目、東から1ブロック目にある。会社はそのブロックの北西の角にある。

さて、これら三つの解答例の内、花子さんが間違わずに会社にたどり着く可能性が高いのはどれでしょうか。もちろん解答例Cですね。解答例Aの場合には、ホテルの玄関が北側にあった場合、公園を左手に北へ行ってしまう可能性があります。東側に玄関があったとしても、最初の通りがホテルの前にある通りなのか、その次の通りなのかによって間違う可能性があります。また図書館は見落としやすいので、ここでも迷う可能性があるのです。解答例Aは花子さんが最も間違いやすい説明文だと言えるでしょう。

では解答例Bの場合はどうでしょう。最初に「2ブロック北へ行き…」と説明しています。この説明ではブロックという言葉が何なのかを説明していません。これが最初の問題点です。さらに北へ行くことを指示していますが、北はどの方向なのでしょう。一般常識として、地図上に方位が示されていない場合は地図の上が北を示すことになっていますが、この問題の場合は花子さんに地図を示すことができませんので、北の方角を知ることはできません。太陽の方向から北が分かるという人がいるかもしれませんが、もしも雨が降っていたらどうしますか。見落としやすい図書館を目標にしているのもいけません。

解答例Cは、これらの欠点をおおむねカバーしています。さらに解答例Cが解答例AやBと大きく異なっているのは、町の構造を最初に教えて、花子さんの位置と会社の位置を絶対座標で教えていることです。これで花子さんは間違うことなく会社にたどり着くことができるはずです。

では、なぜこのような問題を皆さんに提示したのかを説明しましょう。この本は、ソフトウエア技術者の文章力を高めることを目的に書かれたものです。ソフトウエア技術者は最も効率の良い方法で、自分の考えやアイデアを他人に伝えなければなりません。そのために文章や図が用いられます。もしも自分の書いた文章が解答例AやBのようだったらどうでしょう。相手は勘違いを起こす可能性がありますね。ですから、このような説明文を書いてはいけないのです。それを理解してもらうために、この問題を取り上げました。

ソフトウエア開発の上流工程では開発対象システムの分析を行います。分析には二つの手段があります。メソッド主導アプローチとモデル主導アプローチです。メソッド主導アプローチは、従うべき順序によって分析作業が行われます。経験が豊富な分析者は、分析作業で問題に出くわした場合、基本原則や豊富な経験に頼って例外処置を記述します。しかし、経験が浅い分析者はメソッド主導アプローチにむやみに従おうとして失敗してしまうのです。

一方、モデル主導アプローチでは、開発対象のシステムを概念モデルとして捕えることからはじめます。この概念モデルの抽象度を少しずつ下げてゆき、十分に理解できるようになるまで分析を繰り返す手法といえます。

先の解答例から言えば、AとBはメソッド主導型であり、Cはモデル主導型です。最近主流となっているオブジェクト指向分析では、モデル主導型アプローチを採用しています。

マウスの問題についての考察

問題をもう一度確認します。コンピュータに関して全く知識のない人がマウスを使おうとしています。この人にマウスの機能と使い方を教える文書を、A4用紙1枚以内で作成してください、というものでした。

いざ説明文を書こうとすると、意外に難しいと感じる人が多かったのではないでしょうか。ではなぜ難しいと感じるのでしょう。これにはいくつかの理由があります。

- 「コンピュータに関して全く知識のない人」の知識レベルが分からない。分からないからどこまで詳細に説明しなければならないのか戸惑う
- 写真のマウスは、ホイール付きの3ボタン方式だが、マウス一般の説明から入るのか、このマウス形式だけを説明すればよいのか分からない
- マウスに関する用語を説明したいのだが、意味が理解できていないので説明できない
- 説明文を書くための手順が分からない
- 説明文のサンプルがないので、どのように書けばよいのか分からない
- 「マウスの機能」と「マウスの使い方」の違いが分からない

これらの原因がいくつか重なり合って、あなたが説明文を書こうとする手を止めてしまうのです。これらの問題についての解決策を説明することは、この章での目的ではありません。ここでは、なぜ難しいと感じるのか、その原因をつかむことが文章力を高めるコツであることをお伝えしたかったのです。問題がはっきりするとすれば、解決策もおのずから明らかになるでしょう。

表1-1●「マウスの機能と使い方」の説明文のチェック・リスト

	チェック欄	チェック項目
1		表題を書いている
2		説明文の目的を明らかにしている
3		説明文を読んだ後に得られる技能を書いている
4		説明の前に見出しを書いている
5		見出しは、順序よく構造化されている*
		以下のキーワード(6〜16)が書かれ、説明されている
6		マウス
7		左ボタン
8		右ボタン
9		ホイール
10		ホイール・ボタン
11		クリック
12		ダブルクリック
13		ドラッグ
14		マウス・ポインタ(マウス・カーソルでも良い)
15		ポイント
16		ドラッグ&ドロップ
17		図で説明している
18		マウスの持ち方を説明している
19		マウスの動かし方を説明している
20		マウスがパッドの端までいって、それ以上動かせない場合の対処を書いている

*「順序よく構造化されている」とは、情報をどのような順序で見せていくと分かりやすい内容になるか、という技術です。
文章の目的や、読者の種類によって展開の方法を工夫します。例えば、原因から結果を記述する方法や、その逆、原理から応用、問題提起から解決方法などの順序があります。
この課題に関しては、見出しの順序に、自分なりに意味を持たせていると判断できれば良いでしょう。

では、今皆さんが書いたマウスの機能と使い方の説明文を検証してみましょう。

次のチェック・リストを見ながら、自分の文章を検証してください。

全部で20項目あります。このうち15項目以上チェックできていれば、合格とします。

1-4 例文を評価する

例文による文章力の確認

ここでは、五つの例文を示し、分かりにくい文章とはどのようなものかを考察します。これらの例文は、いわゆる悪文と言われています。なぜ分かりにくいのかを分析してください。その後に、読みやすい文に直してください。

分かりづらい理由を分析する場合に次の点に留意してください。それは分かりづらいのはどのようにそうなのかを把握するために「症状」をつかむ必要があります。これを医師に例をとってみましょう。

体調を崩した人が医師を訪れます。医師はいきなり「病気は何ですか」とは問いません。血圧と体温を測り患者の様子を観察するでしょう。もしも咳が出るのなら咳止めを処方し、熱があるのなら解熱剤を処方し、鼻水がでるのなら鼻水止めを処方するような手当てをすれば、バケツいっぱいの薬を渡さなければなりません。しかしそれらの症状が感冒から来ていると原因を掴めば、風邪薬だけで済むではありませんか。

従って問題を含んだ文章に接する場合には「症状」をつかみ、「原因」を特定し、「治療」を施す（訂正文を作る）という手順が必須なのです。

【例文1】

新しい表計算ソフトウエアのアップデート・プログラムは、メーカーより今月末に提供される。

症状

原因

治療

【例文2】

エンターキーを押すと、ときどきコンピュータの内部でCPUの負荷が大きな処理を行っていることを意味する砂時計マークが表示されることがあります。

症状

原因

治療

【例文3】

Windowsで動くソフトウエアには、ヘルプ画面が用意されています。例えば、ワードの場合には、メニューバーの一番右側に「ヘルプ（H)」と表示されています。ここをクリックすると、ヘルプ画面が表示され、左側に「目次」、「質問」、そして「キーワード」というタブ画面が表示されます。「質問」のタブ画面には、「何について調べますか」というメッセージと質問入力用のメッセージボックスがあります。ここには、日本語のまま、質問事項を文章で書くことができ、ヘルプ機能はその質問を解析して、最適な回答を提示します。このように最近のソフトウエアでは、あいまい検索機能を搭載したものが増えています。

症状

原因

治療

【例文4】

これまでのインターネット通信では、ドメインによって特定されたサーバーがインターネット上に接続され、サーバーに接続されたクライアントPCから要求されたURLを解釈して、該当のサーバーに接続し、そこから該当するデータを要求したPCに返す仕組みだった。

しかし、最近話題になっているPtoP（Peer to Peer）では、これまでのサーバーを経由した通信ではなく、サーバーを経由せずにPC同士が直接インターネットで通信できるようになった。この通信方法により、処理がお互いに分散できるために、個々のコンピュータの性能や回線の容量がそれほど要求されず、さらに処理を比較的秘密裏で行えるため隠匿性が高くなるという特徴がある。

症状

原因

治療

【例文5】

WWWは、文字だけではなく公開されている画像、音声、動画などのデータやプログラムなどを含んだ多くのコンテンツを簡単な操作で参照できるという特徴をもっており、これらの情報を保存しているコンピュータのことをWWWサーバーと呼ばれている。

さらにWWWは、ハイパーテキスト（その文章から他の文章を参照できる言語仕様）によって実現されており、これにより画像、音声、動画などのデータやプログラムなどを、ネットワークを通じてどこからでも参照できるようになっている。

これが今日のインターネットを爆発的に普及させた大きな理由の一つであり、これが世界中の時間と空間を限りなく小さくさせている。

症状

原因

治療

解答の検討

では、例文に対する解答を検討します。ただし、ここでの検討が、問題に対する唯一の解ではないことを、あらかじめ理解しておいてください。これ以外にも多くの解答があり得ます。それらについて、皆さん自身やグループで議論してみてもよいでしょう。

【例文1】

新しい表計算ソフトウエアのアップデート・プログラムは、メーカーより今月末に提供される。

症状

まずこの文章が持つ症状をみましょう。「新しい」という形容詞が「計算ソフト」と「アップデート・プログラム」の両方を修飾して二つの意味を持っています。

原因

ではなぜ二つの意味を持ってしまったのでしょう。その原因は格助詞「の」を用いたことにあります。

治療

従って一つの意味になるよう訂正するには格助詞「の」を使わなければ良いのです。

ア）新しい表計算ソフトに適用するアップデート・プログラムは今月末に提供されます。
イ）表計算ソフトに適用する新しいアップデート・プログラムは今月末に提供されます。

格助詞「の」を使う場合は用心深くあるべきです。「の」を使いたい場合には違う言葉で代替できないか常に検討してください。また語彙力が弱いと文脈上適切な言葉が見つからないために「の」を使いたがる傾向がでます。

ここにも語彙力の大切さがあります。

【例文2】

エンターキーを押すと、ときどきコンピュータの内部でCPUの負荷が大きな処理を行っていることを意味する砂時計マークが表示されることがあります。

症状

技術文章は平均40文字が経験上読みやすいとされています。この例文ではどうでしょう。80文字近くありますね。文の長さが読みづらさをもたらしたのです。従ってこの文は「一文が長い」という症状を持っているのです。

原因

なぜ一文が長くなるのか考えてください。さまざまな原因が考えられます。一文が長くなる原因の一つに二つの文を一つにしてしまったことがあります。二つの文とは「エンターキーを押すと、ときどき砂時計マークが表示される」ことを説明している文と、「砂時計マークは、コンピュータの内部でCPUの負荷が大きな処理を行っていることを意味する」ことを説明している文です。文章の構造を複雑にせず、一つ一つ単純明快に書くべきです。

治療

これらを考慮すると、次のような文章に訂正できます。

エンターキーを押すと、ときどき砂時計マークが表示されることがある。この砂時計マークは、コンピュータの内部でCPUの負荷が大きな処理を行っていることを意味する

【例文3】

Windowsで動くソフトウエアには、ヘルプ画面が用意されています。例えば、ワードの場合には、メニューバーの一番右側に「ヘルプ（H)」と表示されています。ここをクリックすると、ヘルプ画面が表示され、左側に「目次」、「質問」、そして「キーワード」というタブ画面が表示されます。「質問」のタブ画面には、「何について調べますか」というメッセージと質問入力用のメッセージボックスがあります。ここには、日本語のまま、質問事項を文章で書くことができ、ヘルプ機能はその質問を解析して、最適な回答を提示します。このように最近のソフトウエアでは、あいまい検索機能を搭載したものが増えています。

症状

起承転結もはっきりしており、文も短く区切られていて、一見よさそうな文章です。しかし、この文章を問題なしとしてはいけません。読み手の効率を考えた場合、起承転結による書き方では結論が最後になって、効率が悪いのです。

ちなみにこの文章を読んだ人はどのような判断をするでしょうか。あいまい検索機能について調べようとする人はこの文章をヘルプ画面の説明だと考え最後まで読まないのではありませんか。

原因

文章の結論が最初に来ていない。あるいは最後に来ていることが原因なのです。

治療

この文章で目的としているのは、最後の「最近のソフトウエアでは、あいまい検索機能を搭載したものが増えています。」という内容です。この文を最初に持ってくるべきなのです。

もし、あいまい検索について調べたい人が、例文3を読んだら、「Windowsで動くソフトウエアには、ヘルプ画面が用意されています。」という一文から、これはヘルプ画面の説明だと思ってしまいます。そうすれば、それ以降の文章は読まないでしょう。技術文章と文芸とは違うのです。

では、その次にくる文章は何でしょう。それは、「日本語のまま、質問事項を文章で書くことができ、ヘルプ機能はその質問を解析して、最適な回答を提示します。」と言う一文ですね。

この文章を訂正してみます。

最近のソフトウエアでは、あいまい検索機能を搭載したものが増えています。この機能は、あいまいな日本語による検索ができます。身近な例として、Windowsで動くソフトウエアであいまい検索機能を確認することができます。例えば、ワードの場合には、メニューバーの一番右側に「ヘルプ（H）」と表示されています。ここをクリックすると、ヘルプ画面が表示されます。「質問」のタブ画面には、「何について調べますか」というメッセージと質問入力用のメッセージボックスがあります。ここに質問を日本語で書けば、最適な回答を得ることができます。

【例文４】

これまでのインターネット通信では、ドメインによって特定されたサーバーがインターネット上に接続され、サーバーに接続されたクライアントPCから要求されたURLを解釈して、該当のサーバーに接続し、そこから該当するデータを要求したPCに返す仕組みだった。

しかし、最近話題になっているP2P（Peer to Peer）では、これまでのサーバーを経由した通信ではなく、サーバーを経由せずにPC同士が直接インターネットで通信できるようになった。この通信方法により、処理がお互いに分散できるために、個々のコンピュータの性能や回線の容量がそれほど要求されず、さらに 処理を比較的秘密裏でおこなえるため隠匿性が高くなるという特長がある。

症状

一読して分かりづらいですね。症状としては二つのことが並列して書かれています。しかもそれぞれの文字数が同じ程度の量です。

原因

この例文が理解しづらい理由は何でしょうか。一つには、何を伝えたいのか、目的がはっきりしていないことです。P2Pの説明をしたいのか、あるいは、従来のインターネット通信の説明をしたいのかがはっきりしません。

目的があれば目標ができます。しかし、目的がなければ目標がつくれません。目標がない文章は論理の流れが紆余曲折します。これが読みにくい文章、分かりづらい文章にするのです。

この例文を読む限り、目標を設定せず、思いつくままに書き並べたという印象を与えます。全体に一貫性がありません。さらに、枝葉末節にこだわっています。これでは、筆者が何を主張したいのかを読み取ることができません。以下に訂正した例を示します。

治療

P2P（Peer to Peer）が最近話題になっている。これまでのインターネット通信では、サーバー同士がクライアントPCの要求を処理していた一方、P2PではPC同士が直接インターネットで通信できる。この通信方法では処理がお互いに分散できる。このため、個々のコンピュータの性能や回線の容量がそれほど要求されない。さらに 隠匿性が高くなるという特長がある。

【例文５】

WWWは、文字だけではなく公開されている画像、音声、動画などのデータやプログラムなどを含んだ多くのコンテンツを簡単な操作で行えるという特徴をもっており、これらの情報を保存しているコンピュータのことをWWWサーバーと呼ばれている。
さらにWWWは、ハイパーテキスト（その文章から他の文章を参照できる言語仕様）によって実現されており、これにより画像、音声、動画、プログラムなどを、ネットワークを通じてどこからでも参照できるようになっている。
これが今日のインターネットを爆発的に普及させた大きな理由の一つであり、これが世界中の時間と空間を限りなく小さくさせている。

症状

この文章は一読して読者を混乱させます。WWWについて述べていると思えば次にサーバーについて言及しています。一体何を言いたいの、と思ってしまいます。

原因

最初に気づくのは、「〇〇のことを××と呼ばれている」という表現がおかしいことです。これは「文章のねじれ」といいます。ねじれた文章については後述します。「呼ばれている」ではなく「呼ぶ」と書くべきです。あるいは、「〇〇のことは××と呼ばれる」でも構いません。しかし、主語がはっきりしていない場合には、「〇〇のことを××と呼ぶ」としたほうが分かりやすいでしょう。
次に間違っている点は、「WWWは・・」で文が始まっているのに、終わりが「WWWサーバーと呼ばれている」と結論されている点です。WWWについて述べているのか、WWWサーバーについて述べているのかはっきりしません。
これは、二つに分けるべき文章を一つにしてしまったことから起きています。また、とりあえず書き始めて、書きながら思考がぶれてしまったのも原因しています。

後半部分では括弧を用いていますが、技術文章では括弧は用いません。最後の「これが世界中の時間と空間を限りなく小さくさせている。」というのは、意味が分かるようで分かりづらくなっています。いわゆる感性的な文章です。これも技術文章では不適切です。細かな点ですが、「画像、音声、動画などのデータやプログラム」という文章が全体で2回出てきます。これらを「コンテンツ」と定義しているのですから、後半はコンテンツとすればよいでしょう。

この例文の間違いは、文書の基本ルールに違反している点です。文章の基本ルールの一つに、「文章のねじれ」があります。文章のねじれとは、文章の主語と述語のつながり（主術関係）や、修飾語と被修飾語のつながり（修飾語の係りかた）を間違うことです。これを「文がねじれている」と言います。

日本語の文章には単文・重文・複文の三種類があります。単文は、「鳥がさえずる」というように、主部と述部からなります。重文は、「鳥がさえずり、犬は吠える」というように、主部と述部からなる文章を、一つの文章に二つ以上含む文章です。複文は、「私は、田中さんからボブは帰国したと聞いたと思った」というように、主部と述部が入れ子になっている文章です。これらの文章に、修飾語が加わって文が成立します。特に重文・複文において、主語と述語の関係がおかしくなり、文章のねじれを起こすことが多いのです。

例としては、次のような文があります。「エクセルやワードでデータを入力しながら、疲れるとスタッフがお茶を持ってくる」。この文では主語が省略してあるために、ねじれに気づきづらくなっています。省略された主語が第三者の場合には問題ありませんが、「私」が主語だとするとねじれが起きます。

主語を省略したままでこの文章を直すと次のようになります。「エクセルやワードでデータを入力しながら、疲れるとスタッフにお茶を持ってこさせる」。

また、文を二つに分割すれば次のようになります。「エクセルやワードでデータを入力している。そして疲れるとスタッフにお茶を持ってこさせる」。

単文として処理する方法もあります。文の全般を条件文にして、「エクセルやワードでデータを入力しながら疲れた時には、スタッフがお茶を持ってくる」。とすればよいでしょう。

重文として処理する方法もあります。「私はエクセルやワードでデータを入力していて、私が疲れるとスタッフはお茶を持ってきてくれる」。

最後に複文にしてしまう例を示します。「スタッフは、エクセルやワードでデータを入力している私が疲れていることに気づくと、お茶を持ってくる」。

「インターネットを爆発的に普及させた」や「世界中の時間と空間を限り」という表現は一見問題なく思えます。しかし技術文章は小説とは異なります。技術文章にレトリック（修辞）は必要ありません。できるだけ客観的な物差しを使うべきです。

治療

WWWは文字だけではなく、公開されているコンテンツを簡単な操作で行えるという特徴をもっている。コンテンツとは画像・音声・動画などのデータやプログラムなどを指す。これらのコンテンツを保存しているコンピュータのことをWWWサーバーと呼ぶ。

さらにWWWにはある文章から他の文章を参照できるハイパーテキストと呼ばれる言語仕様がある。WWWはハイパーテキストによって実現されているため、ネットワークを通じてコンテンツをどこからでも参照できるようになっている。

これが5年前世界のインターネット人口が5000万人であったものが現在その数が5億人になっている。さらにニューヨークで発信したパケットが0.5秒で東京へ届く時代になった。

1-5 文章力を高めるために

文章力を高める方法については、さまざまな本や教育用のテキストで紹介されています。ここでは、一般的に言われている文章力向上のための方法について整理します。

まず、文章力とは何かについて考えてみます。文章力とは、分かりやすい文章を書くことのできる力、論旨がしっかり通っている文章を書く力を指します。この視点から評価すると、文章表現の巧みさ、修辞学にたけているという意味を指すものではないことは明らかです。このようなものは、文芸の世界であって初めて評価されるものです。

極論すれば、全体としての意味が通り、まとまりがあれば文章力はあると言えます。たとえ朴訥とした表現であってもいいわけです。箇条書き文の集合体であっても構いません。

これを、その文章は意味としての構造が成立しているといいます。意味としての構造が成立するように書くためには、主題に対しての理解を深めなければなりません。さらに、使う単語の意味を理解し、自分なりの単語に対しての定義を持っていなければ、構造が成立することはありません。

これらのことを踏まえて、文章力を強くする要素を人間の身体にたとえてみましょう。

(1) 骨にあたるもの

文章力では、文章を正しい構造で組み立てる構文力に相当します。構文とは、文章の構造や文章の組み立てを指します。

(2) 肉にあたるもの

文章力では、論理的に考える力を指します。

(3) 血にあたるもの

文章力では、使うことのできる語彙の豊富さに相当します。

(4) 神経にあたるもの

文章力では、発想や想像力に相当します。

では､これらの力をどのようにして強くすればよいのかを見てゆきましょう｡

構文の力

構文は、日本語の文法に従い、名詞、動詞、助詞、形容詞をつなげることで、文章に意味をもたせるものです。「骨にあたる」構文力を確認するため、次の例題を解いてみてください。

【例題】「うらにわにはにわとりがいる」。この文章を4通りに表現してください。分かりやすくするために、漢字を用いて書き表してください。

(1) ______________________________

(2) ______________________________

(3) ______________________________

(4) ______________________________

四つ書けましたか。以下に正解を示します。

(1) 裏庭には、鶏がいる。

(2) 裏庭には、二羽鳥がいる。

(3) 裏に、鰐（わに）、埴輪、鳥がいる。

(4) 裏庭に、埴輪取りがいる。

実際には、意味の正しさを考慮しなければ、この文章には800通りの表現方法があるといわれています。

この例題の意味は、構文がしっかりしていなければ、一つの文章が複数の意味を持つことを示すことにあります。技術論文では、一文一意であるべきです。

構文を作り出す力を構文力と呼ぶこともあります。特に日本人にとって、外国語の学習には構文力が不可欠だといわれています｡英語などの屈折語(第3章「日本語の特徴」参照）は、語順が意味をきめる鍵になるためです。日本語は語順についての制限が甘いため、構文については特に気をつかう必要があります。

ソフトウエア文章を書くための構文力を身に付けるためには、どのような方法があるのでしょうか。構文力の基礎は文法です。まず、中学と高校で習った文法のレベルをしっかり身に付けることです。

次に、他人の書いた文章を評価しながら読むことです。さらに自分の書いた文章を、一文一意であるか、自分が意味したことが他の意味に解釈されることがないかどうか推敲することです。

論理的に考える力、論理力

論理とは何かについて、『大辞林 第二版』[注3] では次のように定義しています。

(1) 思考の形式・法則。議論や思考を進める道筋・論法
(2) 認識対象の間に存在する脈絡・構造

さて、論理と、文章を書く上での「肉にあたる」論理的であることの違いは何でしょう。例えば次のような表現があったとします。

太郎は男性です。従って、太郎は男性か女性です。

この表現は論理的でしょうか。論理的な文章とは思えないでしょう。しかし、論理としては正しい文章なのです。ここに、「論理の正しさ」と「論理的であること」の大きな違いがあります。論理は正しいが、論理的ではない例をもう一つ示します。

前提1：哺乳類は陸上で生活する
前提2：鯨は哺乳類である
結論　：鯨は陸上で生活する

この例が論理的ではない理由は、前提が真実ではないからです。このことを裏返せば、前提は真実でなければならない、ということです。しかし現実

の世界では、真実であることを証明することが難しい場合が多いのです。そのため、論理的であるためには「前提のもっともらしさ」が重要な要素となります。ソフトウエア文章においていえば、読み手や聞き手が、結論を裏付ける前提の部分から、真実に近いものを感じ取れるかどうかになります。

読み手や聞き手は、書かれた内容や話された内容について、前提は正しいか、論理は正しいか、批判的に読み、批判的に聞きます。論理的な正しさは、読み手や聞き手の批判的な評価に十分堪え得るか、読み手や聞き手が十分に納得できるかどうかで測られるのです。

論理的な文章は、論理的に考える力、論理力がなければ書けません。欧米

表1-2●学習指導要領に盛り込まれている、論理的な文章表現力の指導事項

区分	指導事項
〈中学校〉	さまざまな材料を基にして自分の考えを深め、自分の立場を明らかにして、論理的に書き表す能力を身に付けさせるとともに、文章を書くことによって生活を豊かにしようとする態度を育てる
	話の中心の部分と付加的な部分、事実と意見との関係に注意し、話の論理的な構成や展開を考えて、話したり聞き取ったりすること
	自分の意見が相手に効果的に伝わるように、根拠を明らかにし、論理の展開を工夫して書くこと
	書いた文章を互いに読み合い、論理の展開の仕方や材料の活用の仕方などについて自分の表現に役立てること
	書き手の論理の展開の仕方を的確にとらえ、内容の理解や自分の表現に役立てること
	相手や目的に応じて効果的な文章を書くことのできる能力を高めるようにすること。その際、さまざまな形態の文章を書かせるとともに、論理的に書く能力を育てるようにすること
	科学的、論理的な見方や考え方を養い、視野を広げるのに役立つこと
〈高等学校〉	自分の考えをもって論理的に意見を述べたり、相手の考えを尊重して話し合ったりすること
	教材は、特に、論理的思考力を伸ばす学習活動に役立つもの、情報を活用して表現する学習活動に役立つもの、歴史的、国際的な視野から現代の国語を考える学習活動に役立つものを取り上げるようにする
	論理的な構成を工夫して、自分の考えを文章にまとめること
	科学的、論理的な見方や考え方を養い、視野を広げるのに役立つこと
	論理的な文章について、論理の展開や要旨を的確にとらえること
	論理的な文章を読んで、書き手の考えやその展開の仕方などについて意見を書くこと

* 中学校の学習指導要領は平成10年12月告示、15年12月一部改正。高等学校は平成11年3月告示、14年5月、15年4月、15年12月一部改正

の中学・高校における教育では、この論理力を高めることを主眼において指導が行われています。例えばフランスのリセ（日本の高等学校に相当）での哲学の教育では、著名な哲学者の思想を示して、生徒自身がそれに対してどのように考えるかを指導しています。『リセの哲学』[注4]という本が出版されているので読んでみるとよいでしょう。

一方、日本での教育は長年、知識の獲得を目的としてきました。その結果、自分で自分なりの考えをもつことは指導の主眼とされなかったのです。生徒はすぐに、唯一の解に飛びつこうとする傾向があります。とはいえ大学入試では、小論文を書かせるところが少なくありません。生徒の文章力を高めることは、教育の狙いの一つです。

論理力はどのようにしたら身に付くか。文部科学省は学習指導要領の中で、中学校・高等学校での指導事項を示しています。前ページの表1-2に抜粋しました。

ここから読み取れる、論理的な文章表現力のポイントは、次のようなものと言えます。

(1) 書くことの内容を発見し、集めること（豊かな発想力・取材力）
(2) 書き手の中心的な考えである主題を明確にすること（主題の明確化）
(3) 主題にふさわしい適切な題材を選択すること（的確な題材選択）
(4) 主題を明確にするために論理的な構成をとること（論理的な文章構成・展開）
(5) 生き生きと描写すること（豊かな表現力・語彙力）

これらを念頭に置くことは、すでに学校教育を終えた人にとっても、論理的な文章を書く力を身に付けるうえで大いに参考になります。

語彙の豊富さについて

ゲーテ（1749～1832年）の知能指数は185あったといいます。ゲーテの生きた時代には、現代のような科学的な知能指数を計測する方法はありませんでした。では、どのようにしてゲーテの知能指数を測ったのかといえば、ゲーテが残した文献を調べて、文献の中に出現した語彙の数で測ったのです。語彙の数と知能指数との関係は、1920年代にスタンフォード大学のターマンらによって研究されたものが有名です。異論はあるものの、語彙の豊富さと知的思考力には大いに関係があるという考え方が一般的であることを示しています。

ノーベル文学賞を受賞した作家の大江健三郎氏は、これまでに広辞苑を三巻読み潰したといいます。文章力の「血にあたる」語彙の豊富さの重要性を示す逸話と言えるでしょう。数学者の岡潔氏は小林秀雄氏との対談で、「思考とは言語中枢の機能なくしてはあり得ない」と述べています。

先に構文力について述べたところで、文章は意味としての構造が成立するように書けばよい、と説明しました。しかし意味の構造が成立するためには、主題に対しての理解を深め、使う単語の意味を理解し、自分なりの単語に対しての定義を持っていなければなりません。

主題を定義し、その論証を行う。さらに例を出し、検証する、という構造が必要なのです。これを行うためには、理解力、応用力、思考力や表現力などが必要です。それを支えるのが語彙量であり語彙力なのです。

語彙量とは、単語を知っていること、単語の意味を自分なりに定義できていることを前提に、いかに多く単語を使えるかということです。

語彙力とは、ある主題を表現するのに過不足のない単語を用いる力のことです。過不足とは、多過ぎても少な過ぎても問題があることを示します。かつ、それぞれの単語の使い方が一定の構造を示していなければなりません。また、その単語を使う状況を理解していることが必要になります。そして、使える単語が一つではなく複数でなければなりません。

この語彙量と語彙力が次に述べる想像力の源泉となるのです。語彙量を増やす方法は、多くの文章を読んで、知らなかった単語を覚えることです。語彙力は、辞書でその意味をはっきり理解することで獲得できます。

十分な語彙力を持っているか

一般的に大人が知っている語彙数は5万語といわれています。4年制大学を卒業すると5万語の語彙に出会うと言われています。中学で3万語、高校で4万語です。

2000人に対して語彙力のテストをしたところ、35歳平均の語彙数が3万9000語しかありませんでした。すなわち、仕事をしていくうえで1万語不足しているわけです。語彙が1万語足りないということがどういう問題を起こすのかということは、脳科学で研究されています。

人間は、すべてのものごとを言語によって観察していると言われます。観察した結果を言語に置き換えるときに、語彙が豊かであれば正確に網羅して換えることができます。逆に語彙が少ないと、観察結果が漏れてしまうことになるのです。

SEとして語彙力が足りないとどうなるのでしょうか。これに関して国語学者の大野晋氏は著書「日本語の教室」(岩波書店)にて、語彙力がないということはものを考えるということに致命的な影響を及ぼすと言っています。日本で起きている社会問題も、結局は語彙力の不足から来ているのだろうと述べています。

ではどの程度の語彙数を目安にすべきなのでしょうか。これには参考例があります。

小学生レベル	5000〜2万語
中学生レベル	2万〜4万語
高校生レベル	4万〜4万5000語
大学生レベル	4万5000〜5万語

出所:「図説日本語」(角川書店)

ちなみに毎日新聞や読売新聞などの全国紙の場合、使用している語彙数は約3万語です。つまり中学を卒業していれば読めるようにしています。朝日新聞は約4万語なので高校を卒業している人を対象にしているのでしょう。日本経済新聞は5万語を超えます。

一般的な仕事をするうえでの語彙数は上記の通りです。SEの場合はこれにITの専門語が加わります。これが約2万語あるので合計7万語が必要になる計算です。

文章力を問題にするとき語彙数が意識されることは少ないのです。その理由として次のことがあげられます。普段の生活で使用している言葉の数は約800語しかありません。多少、複雑な仕事をしているときに使用しているのが約1万3000語です。日常的には約2000語しか使われません。従って自分の語彙が足りないということに気づく機会が少ないのです。一般的な日本人の語彙数は約3万2000語ですから、35歳平均で3万9000語という語彙数は不足感がありません。

語彙が足りないと観察できない

しかし、われわれが技術者として社会などを観察するとき、語彙が不足していると観察する対象をきちんと見ることができない危険があります。そのことが問題につながっていくのです。

このことをCCDカメラに喩えてみます。次に挙げたアインシュタインの写真を見比べて下さい。CCDカメラで捉える映像の鮮明さは画素数に依存します。画素数が少なければぼやけて見えますし、画素数が多ければ鮮明に見えます。

写真1-1●アインシュタインの写真

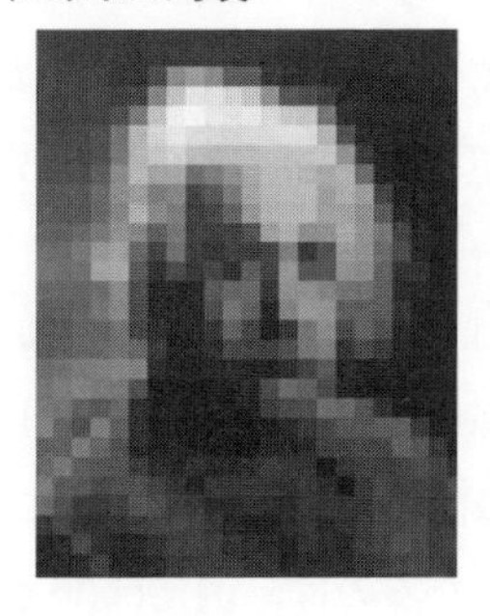

この写真を文章に置き換えると、語彙力が弱い、すなわち使える語彙数が少ないと、観察する対象がぼやけてしまうのです。

漢字の素養を持つ

複雑な語彙をたくさん使えということではありません。漢字をしっかり理解することが必要です。日本語の語彙は基本的に漢字2文字によって作られています。従って、漢字に関する素養を持つことです。そこから語彙数を増やしていくのです。

漢字の素養とはまず六書（りくしょ）を理解することです。六書とは説文解字の中に説明されています。これは後漢の許慎（きょしん）の作で最古の部首別漢字字典と位置づけられています。漢字を540の部首に分けて体系付け、その成り立ちを「象形・指事・会意・形声・転注・仮借」の6種（六書）に分けて解説し、字の本義を説明したものです。漢字に接する以上、六書は必須の素養です。

試しに、次に示す漢字熟語の読み方テスト50問を解いてみてください。正しく読めるかどうか確認しましょう。各々熟語には読みが書いてあります。それが正しければ○をつけ、間違っていれば正しい読みを書き込む問題です。

正しく読めなくとも気にしないで下さい。実際に新入社員1000人にこの問題を解答してもらい、正解であればプラス1点をつけ、間違っていればマイナス1点をつけて集計し、その平均を計算するとマイナス17点だったのです。

この問題を課した理由は「言葉に敏感であれ」ということを意識付けしたかったからです。読みで特に問題になるのは、例えば36番の「捏造」です。

①本来は「でつぞう」と読む

普通、「ねつぞう」と読みますが、本来は「でつぞう」と読むのが正しいのです。「捏」の呉音は「ねつ」、漢音は「でつ」です。1946年にGHQ（General Headquarters：連合国軍最高司令官総司令部）の指導で文部省（当時）が当用漢字を設けました。当用漢字とは1946年（昭和21年）11月5日に国語審議会が答申し、同年11月16日に内閣が告示した「当用漢字表」に掲載された1850の漢字を指します。

この時に当用漢字で「捏」は使わないようにしました。そのときに「ねつ」という発音にして「ねつぞう」としたようです。ところが、この字を「ねつ」と読んでしまったら、意味のネットワークが壊れてしまいます。「捏っちあげ」（でっちあげ）という言葉があります。この場合、「捏」を「でつ」と読んでいます。日本人の言葉の7～8割は2文字の漢字によって成り立っているわけですが、「ねつぞう」と読むと「ねっちあげ」と読むことになり「でっちあげ」につながっていきません。このようなことは他の漢字でも起きているのです。

②慣用に従いつつも正しい読みにこだわる意識をもつ

すでに新聞もNHKも「ねつぞう」と読むことが一般的になっているのであれば、「でつぞう」と読むことにこだわる必要はないという議論があります。それは半分正しいでしょう。慣用句・慣用語は半数以上が間違って使います

	漢字	読み	正解
1	直截	ちょくさい	
2	領袖	りょうゆう	
3	忖度	すんたく	
4	垂涎	すいぜん	
5	首肯	しゅこう	
6	逼迫	とうはく	
7	損耗	そんもう	
8	貼付	てんぷ	
9	貪欲	どんよく	
10	攪拌	かくはん	
11	紊乱	ぶんらん	
12	洗滌	せんじょう	
13	遂行	ついこう	
14	思惑	しわく	
15	重湯	じゅうとう	
16	矜持	きょうじ	
17	忌諱	きい	
18	修祓	しゅばつ	
19	重複	じゅうふく	
20	句読点	くどくてん	
21	祝詞	しゅくじ	
22	遊説	ゆうぜつ	
23	既存	きぞん	
24	台詞	だいし	
25	老舗	ろうほ	

	漢字	読み	正解
26	白夜	はくや	
27	市井	いちい	
28	風体	ふうたい	
29	幕間	まくま	
30	他人事	ひとごと	
31	裏面	うらめん	
32	凡例	ぼんれい	
33	言質	げんひち	
34	相殺	そうさつ	
35	漸次	ざんじ	
36	捏造	でつぞう	
37	稟議	ひんぎ	
38	杜撰	ぼくせん	
39	巨細	きょさい	
40	寂寥	せきびょう	
41	較差	かくさ	
42	出納	しゅつのう	
43	宿命	しゅくめい	
44	漏洩	ろうせつ	
45	攪乱	かくらん	
46	御用達	ごようたし	
47	早急	そうきゅう	
48	固執	こしゅう	
49	撒布	さんぷ	
50	風致	ふうし	

と、それが正しい使い方になってしまうからです。あえて、ここでこだわっておきたいのは、捏造を「ねつぞう」と読むことが技術者であるならば「捏（で）っちあげ」につながらない言葉であるという意識を持ってほしいということです。しょせん、常用漢字でも2136字／4388音訓しかありません。それくらいの漢字は使いこなそうではありませんか。ほとんどの人が慣用で読む場合と正しい読みの区別がつきません。漢字の読みに関する敏感さがありません。間違ったものを間違ったまま使っているのです。

言葉に関する力の基本にあるのは語彙です。語彙というのは間違っていてはだめなのです。たとえ「捏造」を「ねつぞう」と読んでも、自分は間違って発音しているということを意識して使う必要があります。そのような言葉に対する敏感さをもっておかないと語彙は増えないでしょう。

語彙力を強化するには使える言葉の数を増やすことだと言いました。これに加えて言葉の違いに敏感である事が求められます。言葉が異なると意味が異なると言うことです。

言葉の違いを認識する

この本の読者は技術者でしょうから、言葉の違いをしっかり認識して言葉を扱わなくてはなりません。言葉が違うということは、厳密には意味が違うということです。どう違うのかを若い人たちが考えることは語彙力を強化する良い訓練になるでしょう。

①「思う」と「考える」

二つは似ているが違う言葉です。どう違うのでしょうか。

・「献立を考える」と言いますが、「献立を思う」とは言いません。
・「故郷の母のことを思う」と「故郷の母のことを考える」は違います。

「思う」は、自分の考えを主観で表した表現です。一方、「考える」は客観要素が含まれた考えを表します。

②「あがる」と「のぼる」

・「山にあがる」と「山にのぼる」はどう違うでしょうか。

・「学校にあがる」と言いますが、「学校にのぼる」とは言いません。

・「川をのぼる」と言いますが、「川にあがる」とは言ません。

「あがる」も「のぼる」もどちらも下から上に移動する動詞です。「あがる」は、あがった結果に視点を置き、「のぼる」は移動する経緯（プロセス）に視点を置くという違いがあります。

③「最良」と「最善」

「最良は品質のことであり、最善は行為のことである」と定義できなくてはなりません。これに関しては20人に1人くらいしか正しく定義できていません。技術者の多くは「最良とは客観的に良いこと、最善は個人が主観的な価値として最も良いと思うこと」と回答しますが、外れていますね。総じて、言葉に対する敏感さが鈍ってきているようです。

④「さける」と「よける」

「車をさける」と「車をよける」とは違います。このようなことで迷ったら、以下のように分析してみるとよいのです。

1)「さける」と「よける」の両方が使える場合とどちらかが使えない場合とがあります。使える場合と使えない場合の文例をたくさん出すことです。

2) 使える場合の文例、使えない場合の文例を分類する。

3)「この場合は使えない」という結論を得る。

しかし、語彙数が少ないと文例が出ないのです。文例が出ないから分析ができない。このような状態に陥ってしまっています。

このようなことは20歳になるまでに理解しておかなくてはならないのですが、訓練されていません。「のぼる」と「あがる」は言葉が違います。その違いを説明できないということは、言葉に対して不器用だということだと言えます。逆にこれらに示される言葉の違いを説明できると言うことは言語化能力があるということです。言語化能力はSEにとって極めて重要な能力です。

発想力と想像力

発想は着想から始まります。着想は、思いつきやアイデアのことを意味します。発想は、あることを思いつくこと。また、その思いついた考えや思いつきを指します。さらに、考えを展開させたり、まとめたりして形をとらせることの意味もあります。

文章を書く場合、まず着想ありきです。その着想に従って発想を広げてゆきます。

「神経にあたる」発想力と想像力は、四つの文章力の中でも最も獲得が難しい能力です。構文力、論理力、そして語彙力は努力によって身に付けることができます。それに比べて発想力と想像力は、努力しても身に付けることができるかどうか分かりません。しかし、発想力と想像力が豊かな人を観察すると、次のような特徴があります。

- 自力で考えている
- 常に「なぜ？」と考える
- 鵜呑みにしない
- 楽しく考える

発想力と想像力について理解するためには、これら二つについての理論的なアプローチによって理解しようとするよりも、具体的な例を示したほうがよいでしょう。簡単なクイズをだします。

次の図は、マッチ棒を３本組み合わせて立てたものです。３本のうち２本は接着されています。この２本をもう１本のマッチ棒で支えています。これを別のマッチ棒１本で持ち上げてみてください。実際にやってみると分かりますが、持ち上げようとした途端にマッチ棒は崩れます。普通のやり方では持ち上がりませんね。

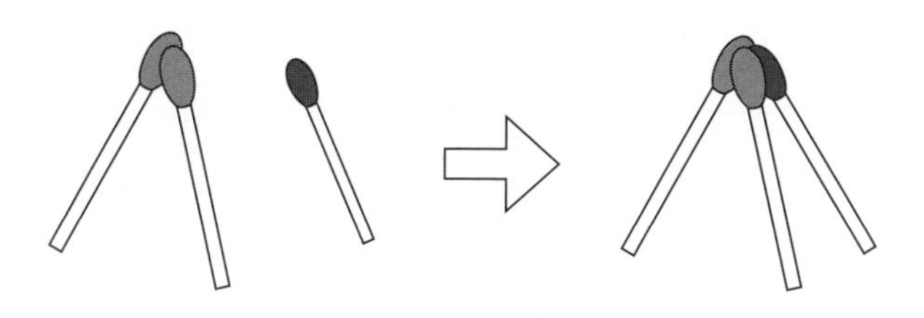

どうやるのかを考えているのが、発想の準備段階です。ああでもない、こうでもないと考え、ふとひらめくものがあります。それが発想です。さて、解けましたか。

答えは下の図になります。

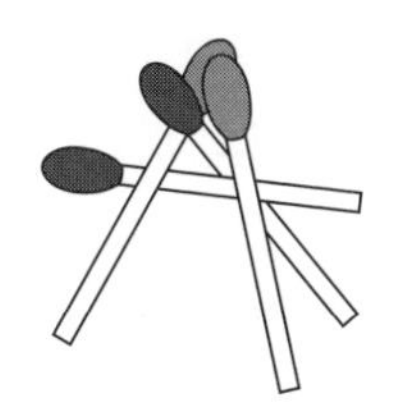

これはクイズなので実生活にはあまり関係ありませんが、次の例は発想力によって人命が救われた話です。第一次南極越冬隊隊長であった西堀栄三郎氏がその著書『創造力』注5)で、「石油缶問題」として書かれたものです。

南極越冬隊では、石油の入ったドラム缶を発電室に運んできて発電機のエンジンを回し、電気を得ていました。ドラム缶は宿舎から離れた貯蔵庫においてあり大変重たく、一人では運べません。複数の隊員が協力して運ぶのですが、なにしろ重たいので、近くにあるものから順に使っていきます。次第に取りに行く距離が長くなっていきました。猛烈なブリザードが襲ってくるシーズンを前に、発電係の隊員は「燃料を取り寄せる方法を何とかしなければいかん」と深刻に考えました。

ある日、隊員が集まっている食堂で、発電係は一つのアイデアを出します。「ドラム缶なんていらん。欲しいのは石油だ。パイプかなんかでさーっと運べたらみんな助かるんやけどな」。西堀隊長が「そりゃあ、ええ考えだ」と言います。隊員たちは「隊長、そんなこと言ったってパイプなんかありませんよ」と食ってかかります。「そんなこと分かってるがな。持ってきていないものはないねん。なきゃ作ればいいだろう」。「そりゃよい考えだ」と言った手前、こう言うしかなかったそうです。

「でも基地にはパイプを作る材料なんか何もありませんよ」、「ビニールがあるわけじゃなし、鉄っけのものがあるわけじゃなし」。隊員たちは反論します。「そりゃそうや。君らはな、内地でパイプこしらえるのと同じことを考えているから材料がないんや。南極へ来たら、南極にふさわしい材料を考えたらええやろ。外を見てみい。雪もあるし、氷もある。雪か氷でパイプを作ればええやろ」。「どうするんです。石油を流しても折れないパイプってどんなにして作るんです」とみんながこう言った時には、実現の可能性がでてきたように感じたそうです。

「わしゃ知らん。知らんけれども作らなきゃしょうがない。考えてみりゃあ、折れるということは中に何か強いものが入ってないからだろう。そうだ、繊維かなんか中に入っていたら…。いらないふんどしでもシャツでも、繊維だったらいい」。こうなると可能性が出てきました。「包帯だったら山のようにあります。誰も怪我しないので、たくさん残っています」と隊員。これ以降は知恵の出し合いです。短い真鍮のパイプが一本ありました。そのパイプに包帯を濡らしては巻き、凍らしては巻き、また濡らしては巻き、凍らしては巻きます。そうすることで氷と繊維が一緒になったパイプがだんだん太くなって行ったのです。さらに、真鍮のパイプは何回も使わなければならないので、真鍮の中に熱湯を流して抜く。

作ったパイプを並べておいて、水で繋いでいく。水が接着剤になったのです。南極の外気温は零下20数度ですから、水は瞬時に凍って繋がるのです。とうとう石油が通りました。氷は水です。水と油は混じりません。おまけに南極では温度はつねに零度以下です。氷は溶けず、石油はズンズン流れてきます。もうみんな夜ごとに、石油のドラム缶を運ぶのを、手伝ったりする必要は毛頭ないわけです。

こうして第一次南極越冬隊は無事に生還できました。

発想力・想像力がいかなるものか理解していただけたでしょうか。

ソフトウエア文章においても発想力と想像力は重要です。その一例を簡単に紹介します。

ある会社で自動販売機を新しく設計することになりました。自動販売機の中の商品の在庫量を、無線でセンターに送信する仕様が決まりました。次の問題は、データを送信するタイミングです。頻繁に送信すると送信コストがかかり、１日に１回では時間帯別の販売傾向が把握できません。どのようなタイミングで送信するのか要件定義チームは悩んでいましたが、１人が「タイミングは変数として設定しよう」とアイデアを出したのです。これで問題は一挙に解決しました。タイミングを定数にしておくとプログラムの修正が大変ですが、変数にしておけば状況に応じて変更できるようになります。

これなどもソフトウエア文章の世界で、発想力と想像力が生きてくる好例であろうと思います。

1-6 文章の構成方法

この節では、ソフトウエア文章に求められる文章構成の方法について説明します。

文章を書き始める前に

ソフトウエア文章を書く場合、何よりも準備作業が肝心です。準備作業としては、次のものがあります。

(1) 読み手と文章の用途・目的を明確にする

まず、読み手が誰であるかを考えてください。読み手の立場や知識のレベルで文章の構成が変わってきます。読み手を明確にすると、その文章の用途・目的が明らかになり、文章の機能と役割をはっきりさせることができます。

(2) 目標を明確にする

書きやすく、読みやすい文章を書くためには、文章の目標と主張したい内容とを明確にすることです。決めた主題に基づき、あらかじめ書きたいことを文章としてまとめます。この作業によって、文章に方向性がでてきます。方向性がはっきりすれば、おのずと読みやすく書きやすい文章になる道理です。

(3) 主題を明確にする

これからあなたが書こうとする内容を、ひと言で言ったらどういう主題になるでしょう。ソフトウエア文章の場合は、随筆や小説などの文芸と異なり、まず主題を明確にする必要があります。文芸の場合には、ボンヤリしたモチーフがあれば、つらつらと内容をしたためて、最後に主題をつけることもあります。しかし、ソフトウエア文章の場合には、トップダウンで文章の構成を行う必要があることから、まず主題の決定を最初の取りかかりとします。

また、あらかじめ課題が与えられることもあります。その場合には、どういう点に関して意見が期待されているかについて熟考し、報告の主体となる内容を決定します。

ソフトウエア文章は、一主題一文であるべきです。一つの文章に複数の主題を持ち込むと読者の混乱を招き、さらに論旨がぼやけたものになります。文書の長さに制限が与えられている場合も、主題の絞り込みが重要です。

記述の順序

ソフトウエア文章は基本的に、「序論→本論→結論」の順番で書きます。また報告が主目的のソフトウエア文章では、結論の内容を先に書く方法（重点先行主義）もよく採られています。時間のない人が読む場合には結論だけで十分な場合が多いからです。

これに対し、文章を書く場合の有名な作法として「起承転結」があります。ソフトウエア文章には適していない手法ですが、この書き方を理解しておくことも必要でしょう。簡単に説明します。

起承転結は、漢詩における七言絶句の方法です。4部構成で、各句の内容・

詩想が展開されます。

物語の場合には読者の想像力をかき立てることが重要なので、起承転結は有効な手段です。しかし、何度も説明しているように、ソフトウエア文章は文学作品ではありません。あくまでも情報の伝達が目的です。分かりやすく読みやすければ、それでソフトウエア文章として十分なのです。

序論

序論は通常、見出しとして「はじめに」とか「要約」、あるいは「序論」そのものが付けられるものです。これらを総括してここでは「序論」とします。

「序」は物事の始まり、発端、初めの部分、あるいは糸口の意味を持ち、「論」は物事の筋道を述べることです。このことから、序論は本論を導く機能を持ちます。具体的には、読み手を本論に導くもの、言い換えれば、読み手が抵抗なく本論に入っていけるように準備をととのえる部分です。

序論で書く内容は、以下の通りです。

(1) 関連する研究や調査の紹介をします

(2) 問題提起をします

問題に対する解決方法を端的に紹介します。また、解決方法のアプローチ方法を紹介します。この書き方と順番には一定のルールがあります。それは弁証法の論理構造を用いる方法です。

弁証法にはヘーゲルやマルクスの弁証法がありますが、ここではヘーゲルのものをごく簡単に紹介します。ヘーゲルによって定式化された弁証法論理

表1-3●「起承転結」の例

各句	説明	例文
第一句＝起句	ある内容を述べ起こす	京の五条の糸屋の娘
第二句＝承句	起句を承けて展開する	姉は十七　妹は十五
第三句＝転句	起承の内容を一転させる	諸国諸大名は弓矢で殺す
第四句＝結句	全体をまとめて結ぶ	糸屋の娘は目で殺す

* 例文の俗謡は、江戸時代の学者・頼山陽が起承転結の見本として作ったものといわれる

には、「定立」「反定立」「総合」の3段階があります。「定立」はある判断を示します。「反定立」は定立と矛盾する判断を示します。「総合」は正反二つの判断を統合した、より高い判断を示します。この3段階を「正反合」と略称します。

序論を「正反合」の順で記述する具体例を、以下に示します。

正：「ITのユーザー満足度は重要な問題であって、これまで多くの調査がなされてきた」。

（以下関係する調査の紹介）

反：「しかし、ベンダー・サービスに対するユーザー企業の満足度についてはほとんど調査がなされてこなかった」。

（以下関係する議論）

合：「そこで当委員会の目的は、ユーザー企業のベンダー・サービスに対する満足度調査を行うこととした。サンプリング数は統計分析が可能な1000以上、収集をすることとした」。

注意点としては、正では比較的広い範囲を論点とし、反と合ではより狭い特定の問題を論点とすることにあります。序論で書く正反合の論理は、「一般から個別へ」となります。これを具象化といいます。これとは逆に、次の本論では、「個別から一般へ」となります。これは抽象化といいます。序論での記述量は、紙面が限定されていれば、2〜3の論点を1段落で書きます。紙面に余裕があれば、1論点を1段落に書きます。

本論

「本論」では、「序論」で設定した問題を受けて、読者が検証可能な「方法」を説明します。これは、データの収集方法、解析・分析方法、観測方法などで、客観性が求められる部分です。

次に、調査や分析、あるいは研究・開発の「結果」を書きます。これはソフトウエア文章の最も主要な部分です。先に説明した「方法」によって得られた事実と、それがどう「序論」で提起した問題の解決に対応しているのかという論理を説明します。

この結果の記述は、論理の展開によって行われます。読者が納得できる解釈や推論、および意味付けを含むようにします。ここは論文を書く上でもっとも頭を使う部分です。

さらにここで書く「結果」は、提起した問題の解決に直接必要なものの記述を中心に行い、その結果を踏まえてさらに生ずる2次的な問題を「考察」で扱います。

「結果」の部分では、過去の調査や研究を引用する場合があります。この場合はできるだけ短くすべきです。少なくとも1文ですませる工夫が必要です。引用が長くなる場合には、付録に付けるようにしてください。また、あちらこちらで何回も同じ文献を引用するのは好ましくありません。一つのソフトウエア文章全体で1回の引用ですむように工夫します。

「結果」で説明する内容は、主にあなたの仕事で新たに得た事項でなくてはならない、というのがその理由です。既成の事実は他の人が十分に述べているので、それはあなたの仕事ではないという意味です。

次に、「結果」を踏まえてさらに生ずる二次的な問題を「考察」として、次に記述します。「考察」は「議論」とも書きます。ここでは、「結果」で得られた個別の問題についての情報が、より一般的な科学や技術の世界でどういう価値を持つのかを説明します。これは、序論が「一般から個別へ」であったのに対して、「個別から一般へ」と逆になります。

「考察」で述べる論点の主要なものは以下の四つです。これらのうちいくつかを書けばよいでしょう。

●調査・分析、研究結果の位置づけ

●他の同種の調査・分析、研究との比較

●他の同種調査・分析、研究結果の再解釈

●当該調査・分析、研究であり得る問題点と将来の課題

ソフトウエア文章では「序論→本論→結論」という基本を前提として、さらに細かな配慮を必要とするものがあります。説明文や記述文、報告書などではぜひ留意してください。

(1) 各部分を記述する順序

各部分が分類可能であれば、その分類に従って書きます。分類には、機能別、性質別、順位別、および重要度別などがあります。分類した項目の配列に論理性がある場合には、論理の展開に従って並べます。また、アルファベット順など習慣によって決まることもあります。

上記のような分類が困難な場合には、空間的配列または時間的配列を用います。空間的配列は上から下へ、左から右へを原則とします。時間的配列は、過去から未来へを原則とします。

(2) 考察や議論などの論理展開

論理展開文は、論理の組み立て作業そのものです。書く人の論理展開方法によって記述の順序が決まります。従って、論理の順序の選び方や書き方を工夫する必要があります。

●論理の欠点を指摘してから、自説を主張する
●自説を主張してから、既成の論理の欠点を指摘する
●いくつかの事例から自説を導く帰納法的展開をする
●自説を述べて、それを検証する
●普遍的で受け入れやすい論点から、自説の主張へ導く

これらの方法からいずれを選ぶかは、想定した読み手に応じて決めます。

結論

これまで述べてきた「序論」と「本論」を踏まえて論文の「結論」を述べる節です。「まとめ」や「おわりに」とすることも多いのですが、明快なソフトウエア文章を目指すなら、やはり「結論」という節を置くほうがよいで

しょう。結論の内容は以下からなります。

(1) 本論の主なポイントを簡明に列挙してまとめる

(2) それらの重要性を強調し、将来への発展への道を示唆する

「記述の順序」で紹介した「重点先行主義」の場合は、この「結論」を先に書くことになります。

1-7 文章構成案の具体的な作り方

これまで、ソフトウエア文章の構成方法と記述の順序について説明してきました。文章を書くことに慣れていない人にとっては、これらのことは大変な作業に思えるかもしれません。

また、実際に文章を書く作業は、原則論だけではできないものでもあります。ここでは、文章の構成案に関しての、具体的な作り方について説明します。作り方にもいくつかの方法があります。自分に合った方法を選ぶとよいでしょう。

テンプレートやアウトライン・ソフトを利用する

最も簡単な方法です。米マイクロソフトのワープロソフト「Word」などには、さまざまなテンプレートが用意されています。例えば「Word 2016」の場合、「ファイル」メニューで「新規作成」を選ぶと、さまざまなテンプレートが表示されます。ここから目的に合ったものを選びます。

Wordのアウトライン・モードを利用する方法も有効です。各見出しの編集や順序の入れ替えは、マウス操作で簡単にできます。詳細はマイクロソフトのマニュアルを参照してください。Word以外にも、市販のソフトで操作性に優れたものや、視覚的に理解しやすいものが数多くあります。

カードによる整理法

KJ法[注6] を利用するやり方です。一つのカードに小見出しを作ります。こ

図1-3●KJ法を利用する文章構成案の作り方

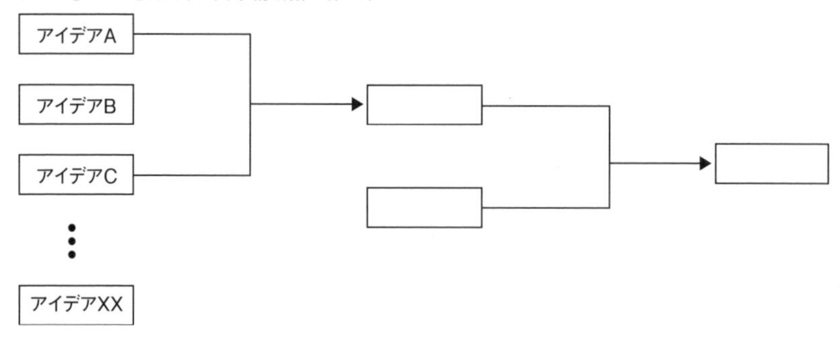

れをソフトウエア文章の作成に必要な分だけ作成します。次に、内容の近いもの同士を合わせて、いくつかのグループに分けます。グループに分けたら、それぞれグループの内容にふさわしい見出しを書いたカードをつけます。

グループで行う場合には紙のカードを利用するほうが効率がよいでしょう。1人で行う場合には、パソコン・ソフトを利用するほうが便利かもしれません。

KJ法は、人間の思考方法がトップダウン型ではなく、かつ線形の思考をするものではないことを利用したものです。皆さんも思い当たるかもしれませんが、何かについて考えていると、次から次に別の考えが浮かんできて、最後には何について考えようとしていたのか忘れてしまいがちです。このような人間の思考の習性を利用しているのです。いわゆるボトムアップ型の思考です。

考えがまとまらずに苦しいときには、何でもよいから思いつくことを書いてみることです。それを整理することで一つの思考の体系ができます。

文章構成作業の実践例

ここでは実例を通して文章構成の方法を見てみます。簡単な「システム化計画書」の構成案を考えてみましょう。

構成案を考える前に対象とするシステムを決めておきます。ここでは雑誌を出版しているA社を例としましょう。A社では「顧客」といえば広告主であり、「原稿」といえば広告の原稿です。インターネットの普及で広告収入が落ち込むなど、業績が伸び悩んでいます。そのため出版にかかるコストを削減しなければなりません。新しいシステムを導入してコストを下げようということです。

A社の出版作業は次の図のような工程となっています。

さて、この工程全体のどこを改善すればよいのでしょう。これを考えるのが着想と発想です。そのためには、どの工程に時間がかかっているのかを分析する必要があります。手間がかかりそうなのは、FAXで受け取った原稿をデジタル化する部分（入稿）と編集ですね。校正も1回ですませるようにしたいものです。

そこでインターネットのメリットを最大限に生かして、次のような改善案を出します。

① 顧客からの原稿は電子メールか、A社が用意するWebページを通して受け取る

② 校正は紙の代わりに編集可能なPDF形式で顧客に送付し、顧客に修正してもらう。校正作業は1回のみとする

ここまで考えたら、次は「システム化計画書」の位置づけを決めましょう。

- この計画書の目的は何ですか
- 読み手は誰ですか

図1-4●A社の出版作業工程（改善前）

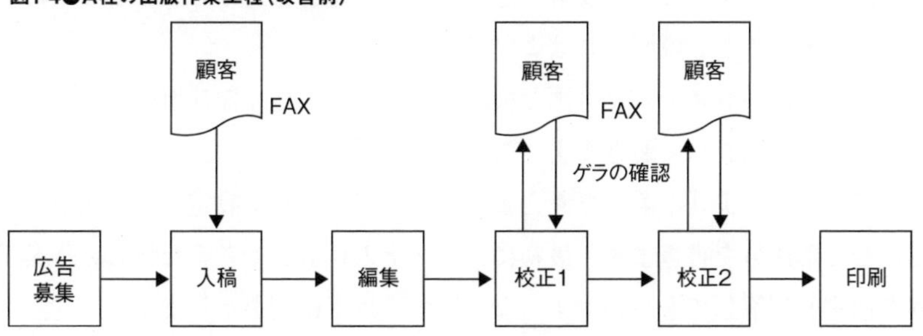

●主題は何にしますか

●目標は何ですか

これらの問いに答えるのは結構難しいものです。計画書の目的は「コスト削減」ではないかと考えるかもしれません。しかし、コスト削減はシステムの目的であって、計画書はそれを実現するための手段であり、直接の目的ではありません。計画書の目的は、システム開発が承認されるようにすることにあります。

読み手はこの場合、A社の経営者です。主題を考えるのも難しい作業です。全体の考えを一言で表現しなければならないわけですから。この場合には、システム名を「広告編集システム」とし、Webで合理化を推進しようとしているわけですから、「広告編集システムのWebシステム化計画書」としましょう。目標はこのシステム化計画を経営者に理解してもらい、システム化のための予算を承認してもらうことにあります。

次に問題提起です。すでに見てきたように、FAXを中心とした原稿のやりとりには次の問題点があります。

① 顧客からの原稿を、自社でデジタル化しなければならない

② 校正用紙を顧客にFAXで送信し確認を受けた後、自社で修正している

③ 校正作業が2回発生している。

経営者によってはこの三つの問題点がなぜ問題なのかを理解しない場合があります。その理由は、これまで経営してきた中で、最適な方法を生みだしてきたという自負があるからです。それはそれでよいのです。その当時は最適解だったのです。しかし技術の進歩がその最適解を古くしてしまったのですから、そのことを説明すればよいでしょう。

さらに今回のシステム化計画で検討した内容と同様な他社事例や研究がないかどうかを調査しておきます。ここまでが「序論」です。

さて、いよいよ「本論」を考えます。本論では序論で設定した問題を受けて、その解決策を書きます。最初に、システム化計画で考えた新しい作業工程を示すと理解してもらいやすくなります。以下に例を示します。

本論は書き方や内容に制限が少なく、比較的自由に書けます。自由であるがゆえに最初は何を書いてよいのか迷います。迷った時には読者の立場に立ってください。

このシステム化計画書の読者である経営者が最も知りたいことは何ですか。経営者ならば最初に興味を持つのは収益に関することです。いくら投資したらいくら収益が改善し、それによっていつ投資コストが回収できるのかに関心を持ちます。次にそれはどのようにして開発され、リスクはどのようなものか、に関心を持ちます。

このような読者の視点を前提にして、本論は大きく4項目に分けます。

① システムの構想

② システム構成案

③ 開発予算

④ 推進体制と開発計画

次に4項目それぞれをさらに細かく分解してゆきます。システム構想の場合には、「(1) システムの特徴」、「(2) システムの概要」、「(3) システムの機能」などの中項目が立ちます。このような分解作業を四つの大項目それぞれに行います。この段階ではきっちりしたものを意識する必要はありません。後で全体を見直します。

さらに上記の中項目の一つひとつについて、さらに分解作業を行います。「システムの特徴」は「a. 設計の着眼点」「b. 特徴ある技術や機能」「c. シス

図1-5●A社の出版作業工程（改善後）

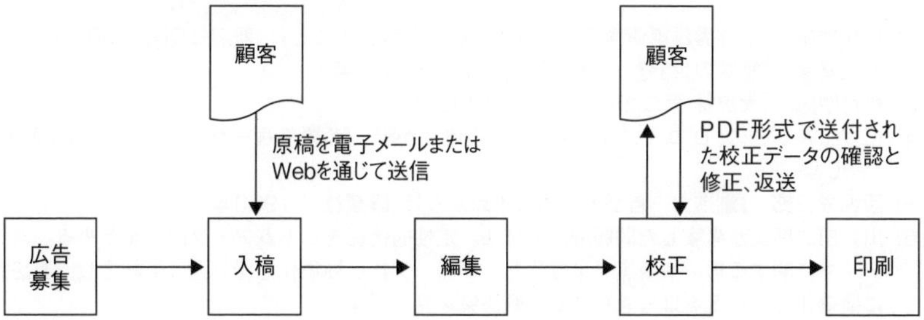

顧客
原稿を電子メールまたはWebを通じて送信
顧客
PDF形式で送付された校正データの確認と修正、返送
広告募集
入稿
編集
校正
印刷

テム化の手順」「d. 現行システムの改善点」「e. 競合他社システムとの比較」といった小項目に分解できるでしょう。

経営者が興味を持つ投資対効果については、最初の「a. 設計の着眼点」で述べるのがよいでしょう。このようにして、すべての大項目を中項目に分解し、中項目を小項目に分解し終わったら、漏れがないか、冗長な部分がないかを全体にわたって見直します。

最後に「結論」を書きます。結論は序論と本論をふまえて、主要なポイントを列挙します。例えば次のようになります。

① 投資対効果を最大化するために最新の開発方法を用いて短期で実現する
② システム完成後は必要要員が3名削減できる
③ 入稿から印刷までの期間は4日間短縮できる

さらに想定するシステムの寿命と、将来への道筋についても述べれば、結論部分は完成です。

このようにして項目の構成案が決まったところで、それぞれの項目の内容を書き始めます。書いている途中で項目の順番がおかしいことに気づいたり、項目を追加したりすることがあります。このようなことは正しいのです。項目構成案は設計図ですから、実際に文章を書いていけば設計図の変更はあり得ますし、むしろ変更がないことは少ないでしょう。自信をもって書き進めてください。

注1）小林秀雄、『小林秀雄講演第二巻：信ずることと考えること』、新潮社CD、2004年
注2）池上嘉彦、『意味の世界』、日本放送出版協会、1978年
注3）松村明編、『大辞林 第二版』、三省堂、1995年
注4）A.ヴェルジェス, D.ユイスマン著、白井成雄ほか訳、『哲学教程ーリセの哲学』、筑摩書房、1980年
注5）西堀栄三郎、『創造力ー自然と技術の視点から』、講談社 、1990年
注6）川喜田二郎氏が考案した問題解決の技法。定性的情報をボトムアップ的にまとめる。あるテーマに関する思いや事実を単位化し、グループ化と抽象化を繰り返して統合し、最終的に構造化して状況をはっきりさせ、解決策を見いだす

2章

ソフトウエア文章の目的

2-1 ソフトウエア文章の目的

あるプロジェクトを実施していたときの話です。外部設計局面が完了し内部設計以降に入ろうとしていました。内部設計以降は協力会社に委託開発するようにしていました。ある会社と契約の話をしていると見積書の中に成果物として内部設計書がありません。その理由を尋ねると「内部設計書は一過性の書類なので必要ないでしょう」と言います。必要だと言うと別途料金がかかるというのです。内部設計書が必要な理由を説きますと、ツールを使って内部設計書を自動生成するというのです。このやりとりをどう考えますか。

ここには明らかに利害関係が一致しない当事者が二者あります。整理してみましょう。

立場1：

内部設計書は必要である。なぜならば内部設計書は開発されるソフトウエアの論理構造を記述するもので内部設計以降のソフトウエア設計や単体テストと結合テストの指針となるものである。従って成果物として発注主に納品する義務がある。

立場2：

内部設計書は不要である。なぜならば内部設計書はソフトウエアを開発するための一時資料でありソフトウエアが完成すれば使われることはない。さらに現実には厳しい納期があり仕様の変更も多発する。そのような物を作れば経費がかさみ利益を圧迫する。どうしても必要というのならソースコードからツールを使って自動生成すればよい。

これからこの二つの視点における問題点を明らかにしてソフトウエア文章の目的を示していきます。

2-2 ソフトウエア文章の種類

ソフトウエア文章は開発方法論によってその種類が異なります。開発方法論とはどのような手段で開発するのかという物です。大きくは次の四つがあります。

・機能中心開発技法

・局面化開発技法

・データ中心指向

・統一プロセス技法

日本においては局面化開発技法が多数を占めています。そのため、ここでは局面化開発技法におけるソフトウエア文章について説明します。

局面化開発技法による開発では大きく三つの工程があります。

・超上流工程

・上流工程

・下流工程

超上流工程について

まず超上流工程から見ていきましょう。ここには次の様な手続きがあります。

図2-1●超上流工程

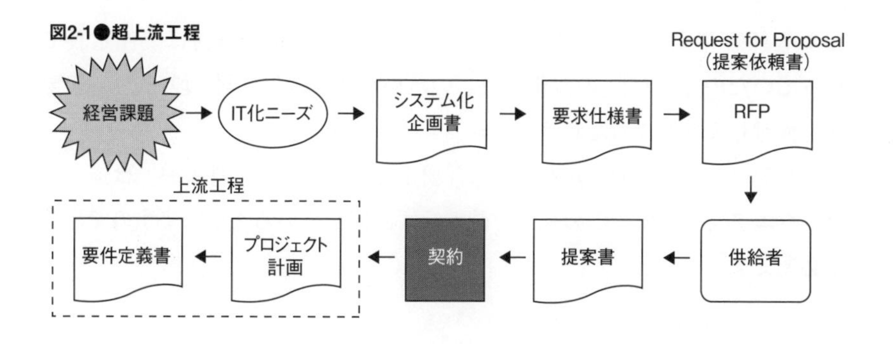

最初の経営課題については経営の目的は何かを考えなければなりません。一義的には利益を出すことでしょう。欧米と違い日本の場合は社員を雇用することもその目的に加えられることがあります。

いくつかの経営課題のうちITを用いて解決できるならIT化ニーズとして捉えられます。例えば売り上げが頭打ちになっているのでロングテール・ビジネスを始めようとすればITの出番です。

IT化ニーズが認識できたらそれに関してシステム化企画書を作成します。システム化企画書を作る目的は「システム開発に着手できるようにすること」であり、目標は「システム開発に必要な予算を確保する」ことです。

システム化企画書が経営会議などで承認されれば要求仕様書を作成します。要求仕様書とはシステムに必要とする機能を記述したものです。

次にRFP（提案依頼書）を作成します。提案依頼書とはシステムを外部委託する場合に作るものです。その内容については要求仕様書と共に巻末に参考資料を付けておきますので参考にしてください。RFPは開発のサービス供給者つまりベンダーに提供されます。通常は相見積もりしますので3社程度に提示されるものです。

供給者においてはRFPに基づいて、おおむね1週間から2週間で提案書が示されます。この提案書をRFPと見比べながら最も要求に適した提案を選択し供給者と契約します。これ以降は上流工程になります。

ここで付記しておくことがあります。超上流工程という呼称はそれ程古いものではありません。この呼称がソフトウエア開発の世界に出てきたのはおおよそ1997年頃です。その背景にはそれまでIT要件の検討は要件定義で行っていたのですがITの変化が激しいためシステム化企画の段階からIT要件を検討しようとなったわけです。

また先ほどの図で明らかなように「要求仕様書」と「要件定義」は違うソフトウエア文章です。この違いを認識せず混同している人がいますので注意が必要です。

上流工程について

上流工程には三つの局面があります。プロジェクト計画局面・要件定義局面・外部設計局面です。この中でプロジェクト計画局面は要件定義局面に含まれる場合があり明示されないことがあります。

要件定義局面では要件定義書が作られ、外部設計局面では外部設計書が作られます。要件定義に記述する内容には次の様なものがあります。

記述項目

1. はじめに
    - 1.1　本書（要件定義書）の目的
    - 1.2　関連文書
        - 1.2.1　上位文書
        - 1.2.2　参照文書
    - 1.3　表記法
    - 1.4　用語の定義
2. 開発目的
3. システムの用途と使用者
4. 実現されるべき機能
5. 実行環境
    - 5.1　動作環境
    - 5.2　使用環境
6. 要求範囲
7. 要求条件
    - 7.1　操作要件
    - 7.2　使用条件
    - 7.3　利用資源条件
    - 7.4　性能条件
8. 開発要件

8.1　開発方法条件

8.2　開発資源条件

また上記とは別に次の様な要件定義項目方式もあります。どちらを選択するかは従来の外部設計方式であれば上の方式を選びデータ中心指向設計（DOA）であれば次の方式を選択すれば良いでしょう。

・機能要件（プロセス）

　－機能情報関連図

　－システム機能階層図

　－機能情報関連図

　－業務流れ図

　－業務処理定義書

・機能要件（データ）

　－概念E－R図

　－データ項目定義書

・機能要件（インタフェース）

　－システム間関連図

　－システム間インタフェース定義書

　－画面・帳票一覧

　－画面・帳票レイアウト

・非機能要件

　－品質要件

　－技術要件

　－運用・操作要件

　－その他

なお、外部設計局面には次の様な手順があります。

図2-2●外部設計局面

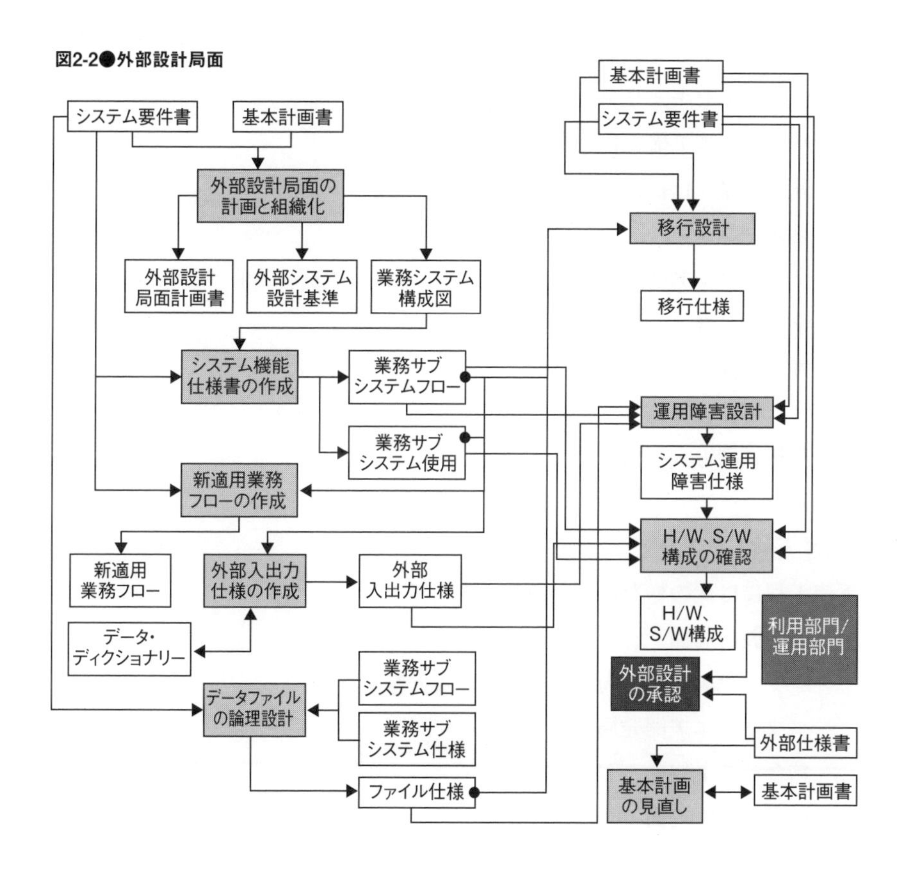

作成する文章には次の様なものがあります。

・ユーザーインタフェース設計書
・ソフトウエア再利用仕様書
・システム機能仕様書
・パッケージ適用仕様書
・データ構造仕様書
・プロトタイプ開発仕様書
・性能仕様書

・基本ソフトウエア構成仕様書
・信頼性・セキュリティ仕様書
・ハードウエア構成仕様書
・運用・保守仕様書
・業務マニュアル
・ソフトウエア構成仕様書
・移行設計書
・移行仕様書
・移行要件仕様書
・移行処理方式仕様書

下流工程について

下流工程には次の様な局面があります。

・内部設計局面
・ソフトウエア設計局面（モジュール分割を含む）
・ソフトウエア開発局面
・結合テスト局面
・総合テスト局面
・システム開発局面

これらの局面は大規模開発局面を前提としたものでありシステムの大きさによっては省略されるものもあります。

下流工程で作成される文章には次の様なものがあります。ただしシステムの規模や特性によって作成されないものもあります。

内部設計

・画面処理定義書
・帳票処理設計

- 帳票処理定義書
- バッチ処理設計
- バッチ処理定義書

開発環境構築

- 環境設定書

製造

- ソースコード

単体テスト

- 単体テスト仕様書
- 単体テスト結果報告書

結合テスト

- 結合テスト計画書
- 結合テスト仕様書
- 結合テスト結果報告書
- プログラム修正依頼書

総合テスト

- 総合テスト計画書
- 総合テスト仕様書
- 総合テスト結果報告書
- プログラム修正依頼書

システムテスト

- システムテスト計画書
- システムテスト仕様書
- システムテスト結果報告書

2-3 ソフトウエア文章の重要性

文章がないと何に困るのか

これまでに経験したプロジェクトでこのようなことがありました。このプロジェクトは古くなったシステムを刷新するもので基幹システムでした。処理速度を優先するために開発言語はアセンブラで実装されています。これを担当したSEはアセンブラを読むことはできるのですが新規に開発することはできません。アセンブラに興味がない人は読み飛ばして結構です。

担当SEが何を悩んでいたかというと次の様なコーディングがあったのです。

```
XR    R1,R2
XR    R2,R1
XR    R1,R2
```

簡単にアセンブラについて説明をします。XRとは命令です。意味は排他的論理和で英語のexclusive ORであり、その頭文字をとってXとしています。次のXRに関するRはレジスターの頭文字をとったものです。R1とは別の所で定義された変数で通常は16個あるレジスターの1番を指します。同様にR2とはレジスター2番を指します。

つまりこの最初にある命令はレジスター1番とレジスター2番を排他的論理和演算をしその結果をレジスター1番に置け、と命令しているのです。次の命令はレジスター2番とレジスター1番を排他的論理和演算をしその結果をレジスター2番に置け、と命令しています。三番目は一番目の繰り返しです。

一体この三つの命令で何をしているのでしょうか。論理演算に強い人であれば分かるはずです。つまりこの三つの命令によってR1とR2の内容を交換しているのです。

しかしこのソフトウエア仕様書にはそのような記述はありませんでした。

その為にアセンブラに強くない担当SEは悩んでいたのです。

この例で分かるようにソフトウエア文章とは手段つまり手順を記述するのではなく、なぜそのような手段をとるのか、その目的と理由を書くためにあるのです。手段だけ書かれていればその通り実現すれば良いのです。しかしもっと良い方法があるかもしれません。あるいは保守の段階で目的が明らかにならないと対処できない場合もあります。このような問題を起こさないために文章化を行うのです。

2-4 抽象化と具象化

ここで言う抽象化について喩えで考えましょう。現実の世界で山田課長と鈴木課長と田中課長がいたとするとこの物理的な人物たちを抽象化するとどうなるかということです。三人とも課長職にあるのですからこれを抽象化して管理職とすることも課長職とすることもできます。

つまり現実の物理的属性を捨て論理的な属性に変換することが抽象化なのです。具象化とはその逆のことを言います。

なぜこのような話題を持ち出したのかと言いますと、ソフトウエア開発工程は抽象から具象への連続系であるため抽象化とは何か具象化とは何かについて認識しておく必要があったからです。

「ノイマン型コンピュータにおいては情報の質は量に還元される」という言葉があります。ソフトウエア開発工程においてこれについての例示をするなら、要件定義書は抽象度が高く、それゆえに情報の質が高いのです。これに対して外部設計書は要件定義書より抽象度が低く要件定義書の質は外部設計において量に還元されます。具体的には要件定義書一枚が外部設計書複数枚に還元されるのです。

従って要件定義書が曖昧であれば外部設計においてその曖昧さは複数倍に還元されるのであり、それゆえに要件定義書の分かりやすさと正確さが切に求められるのです。

2-5 ソフトウエア文章の問題

要件定義書の文章は外部設計書に具象化され、外部設計書は内部設計書へ具象化されます。最後プログラムの中で二進数、すなわち0か1に還元されるのです。二進数に中間はありません。「はい」か「いいえ」のどちらかなのです。これに対して要件定義書で用いられる言語はRSL（Requirements Specification Language）などの人工言語を使う場合を除いて自然言語で記述されます。自然言語は曖昧さに満ちています。この二つの相反する問題をどのように解決したら良いのでしょうか。身近な例を持ち込んで考えましょう。

誤解を生んでしまった会話

フィリピンのマニラでのことです。日本の商社に勤務するご主人とともに赴任していた奥さんが同じような境遇にある日本人の奥さんから青森産のリンゴをもらいます。実家から送られてきたとのことです。じゃあ2人でさっそくいただきましょうと、フィリピン人のお手伝いさんに「皮をむいて持ってきて」と頼みます。お手伝いさんはそこそこ日本語が分かるのですが、このときは首を傾げながら台所に消えていったそうです。

しばらくして、お手伝いさんが持ってきたものは何だったと思いますか？

皮をむいたリンゴではなく、リンゴの皮だったそうです。その奥さんは、「皮を……持ってきて」という自分の指示を思い出しました。2人の奥さんは互いの顔を見合わせて大笑いしたそうです。

もう一例は、SEの職場で起きたものです。そのSEはよく仕事ができると評判で、毎日多忙を極めていました。そんなある日、上司から「急な案件だけれどもやれるかな？」と尋ねられます。忙しかったのでほかの人に振ってもらおうとも思いましたが、工夫すればなんとかできると判断し、「やろうと思えばできないこともありません」と返事をしました。するとその上司は急に表情を変えて､「やりたくないのならそう言え！」と怒ってしまいました。

なぜ話はすれ違ったか ～フィリピンのリンゴの場合～

なぜこのように会話がすれ違ってしまったのでしょうか。まず、リンゴの皮を持ってきたお手伝いさんの例は、会話をする人同士のコンテクストが合致していなかったために起きています。コンテクストとは文脈とも訳されますが、むしろ文化とか生活といった背景にある蓄積された知識や経験と理解した方が分かりやすいでしょう。

フィリピン人のお手伝いさんの場合、フィリピンの気候が熱帯性であるためリンゴそのものが珍しいものだったのでしょう。自分が食べたことがなければ食べ方も分からないはずです。それに加えて「皮をむいて持ってきて」という指示は､「皮を持ってくる」という意味と「皮をむいた後の中身を持ってくる」という意味の二つの意味がとれます。実は、この二つの意味を私たちは無意識のうちに認識しているのです。これを1次解釈としましょう。そして次に、経験や知識（コンテクスト）をもとに意味として通じないような解釈を捨てます。これは2次解釈です。この2次解釈によって私たちは、あたかもすぐに意味を了解したかのように認識します。

つまり、自分が話す内容や文章を相手に正確に伝えるためには、相手がどのような経験と常識を持っているかを知っておく必要があるのです。

なぜ話はすれ違ったか ～上司とSEの場合～

次に「やろうと思えばできないこともありません」と返事をして、上司の機嫌を損ねた理由を分析してみましょう。皆さんは、次の二つの発言をどのように使い分けていますか？

(a)「やろうと思えばできないことはありません。」
(b)「やろうと思えばできないこともありません。」

二つの文は、「は」と「も」が違うだけです。両方とも日本語文法では副助詞と呼んでいます。ちなみに文法とは理屈ではなくて人間が作り上げた合意です。その合意に基づいて「こう言えばこう伝わる」といった法則ができ、これを文法と呼んでいるのです。そのため、同じ表現でも個人によって理解が異なる場合があります。

この二つの例文はどちらも二重否定文です。二重否定とは否定を否定するので、肯定文と同じ意味になるはずです。例えば、「リンゴは果物ではない」とすれば否定文であり、「リンゴは果物ではないことはない」とすれば「リンゴは果物である」とするのとほぼ同じ意味になります。従って、上の例文二つはどちらも肯定文と同じ意味があり、「やろうと思えばできる」と言うのと同じことになるはずです。

しかし肯定文ですべてが表現できるのならば、二重否定という表現方法はいらないはずではないでしょうか。現実には二重否定はしっかりと我々の生活に根ざしています。例えば「ねえ、あれっておかしくなくはない」とよく言うでしょう。二重否定は生活において使われる、いや会話においてこそ多用される傾向があるのは、肯定文が明確な意志を表明するのに対して、二重否定は肯定文では表現できない微妙な心象・機微を醸し出す機能があるからです。

それでは「できないことは」と「できないことも」との心象風景の違いは何でしょうか。副助詞である「は」は「取り立て」という機能があり 、「できるかできないか、どちらかと言われれば」という意味を持ちます。一方、副助詞「も」は「程度」や「添加」という機能があり、「『できない』ことがどの程度か、あるいは『できないこと』が付加的にあるのかどうか」という意味を持ちます。ですから、二つの例文を肯定文で表現すれば次のような意味合いになるでしょう。

(a')「忙しいのですが、やってもいいですよ」
(b')「忙しいので、できればやりたくないですね」

上司が機嫌を損ねた理由が分かりましたか。文法とは生活の中でさまざまな人と会話を重ねることで自然に獲得されます。さらに正確に伝えるための文法は、読書などを通じた対話的思考によって鍛えられるものです。これらの経験が少ないと、先の例のように相手に誤解を与える表現をしてしまう恐れがあるでしょう。

これらの例で示したように、日本語を正しく使うための知識は、まず仕事に不可欠な基礎となることが分かります。もちろんSEに限らず仕事を進めていく上で不可欠な知識なのですが、業務の中で精緻なやり取りが発生するSEにとってはさらに重要なものであることを再認識する必要があります。

この二つの事例は例え話です。これをソフトウエア開発で示してみると次の様なことが考えられるでしょう。

内部設計書で次の様な処理仕様を記述したとします。

「トランザクションデータを取得し取引コードがブランクの場合にはこれを除外して処理済みファイルに書き込む」。

もうお分かりなのではないでしょうか。この処理には大きく二つの処理が考えられます。

1) 取引コードがブランクのトランザクションをファイルに書き込む
2) 取引コードがブランクではないものをファイルに書き込む

いずれにしても五割の確率でバグになる仕様です。正しくは次の様に書くべきでした。

「トランザクションデータを取得し取引コードがブランクの場合にはこれを除外し、取引コードがブランク以外のトランザクションデータを処理済みファイルに書き込む」。あるいは「「トランザクションデータを取得し取引コードがブランクの場合にはこれを除外し、除外したデータ取引コードがブランクのデータを処理済みファイルに書き込む」。

2-6 ソフトウエア技術者と文章力

ソフトウエア技術者は文章を書く力が弱いと言われます。それは事実なのでしょうか。事実だとすると原因は何でしょう。ここではこの問題を検討します。

ソフトウエア技術者の文章力

ソフトウエア技術者といってもさまざまです。個人事業者として働いている人や、大手システム・インテグレータで働いている人、ベンダーで働いている人などです。個人事業者として働いている人であっても、もともとは企業に属していた経験があるでしょう。

これらの企業では社員の採用、特に新入社員の採用を行う場合には入社試験を行っているはずで、ここ数年は小論文問題を課すところが多くなっています。文章によるコミュニケーションの重要性が再認識され始めたことによるものでしょう。この入社試験に合格しているのですから、新入社員の時点では、社会一般常識程度の文章力はあるものと考えられます。

ならば、なぜソフトウエア技術者は文章力が弱いと言われるのでしょうか。仮説を列挙してみます。

- 一般の文章と異なり、ソフトウエア文章は特殊である
- 技術が激しく動き、用語の定義が十分になされていない
- ソフトウエアは欧米から持ち込まれる技術が多く、カタカナ語が多い
- テクニカル・ライティングのような、ソフトウエア文章作法を学んでいない

検証しましょう。まず、ソフトウエア文章は一般の文章と異なるのかどうかです。ここでいう一般の文章とは、新聞や雑誌の記事や報告書、文系の論

文などです。文芸作品（小説や詩歌）は別の意味で、一般の文章とは違うでしょう。

他方、ソフトウエアは情報技術の一部です。技術であれば技術文章の作法に則るべきもので、ソフトウエア文章は一般文章とは異なる、とは言えます。もちろん文芸作品からはもっと離れたところにあります。

ではソフトウエア文章と、それ以外の技術分野の文章には、どんな違いがあるのでしょうか。ソフトウエア文章は、手に触れることのできないソフトウエアという対象を取り扱うため、物理や化学・機械工学などの技術分野の文章よりも、抽象的な表現になる傾向があるとは言えます。加えて自然言語のあいまいさがあります。一般に理系の学問は次のような発展過程をとります。

科学は基礎理論の確立を、技術は基礎理論に基づく現実化を目指します。工学はそこで確立された技術を基に「誰がやっても同じ考え方と方法で行えば、同じものを作ることができる」ことを目指します。

ちなみにソフトウエアにも「ソフトウエア工学」があります。ソフトウエア工学では一時期、自然言語のあいまい性を排除する「要求定義言語（RSL: Requirement Specified Language）」の研究が、いろいろ試みられました。自然言語のように誰にでも記述でき、そのままプログラムとして実行できる（あるいは実行可能なプログラムに変換できる）言語を作ろうとしたのです。

残念ながらこの分野からは、期待されたほどの成果は出ませんでした。あいまい性を排除した言語で要求仕様を書くと柔軟性に欠け、柔軟性をもたせるように拡張すると、自然言語となんら変わらない言語仕様になってしまっ

図2-3●理系の学問の発展過程

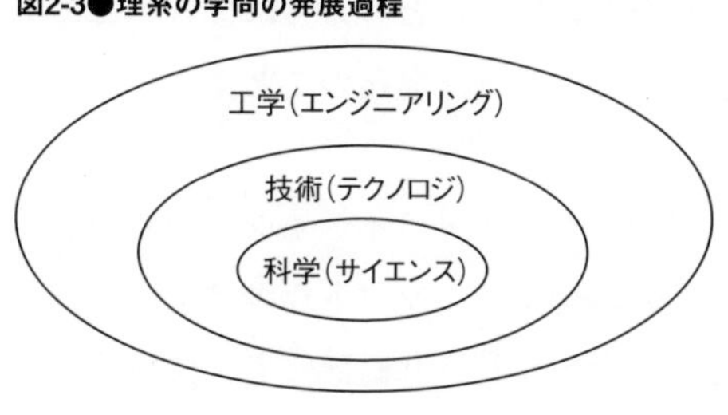

たのです。

このことからも分かるように、今のところソフトウエア文章を書くには、自然言語を使うしかありません。抽象的な表現が完全には排除できない上、常にあいまい性との格闘が続くことになります。ソフトウエア文章は“特殊な文章”だ、とは言えるでしょう。大事なことは「なにがあいまいで、それがなぜあいまいなのか」を認識できるかどうかです。

次に検証するのは、「技術が激しく動き、用語の定義が十分になされていない」のが、ソフトウエア技術者の文章力の弱い原因だ、という仮説です。激しい技術の進化はバイオ・テクノロジーやナノ・テクノロジーの世界でも起きています。これらの技術は物質を扱うという違いはあっても、技術動向の激しさがソフトウエア文章を難しくしているとは言えないでしょう。同様のことは「外来技術が多く、カタカナ語が多い」という問題にも言えます。カタカナ語でも、その語義が明確に定義されていれば、日本語と全く変わりはありません。単に、中途半端な理解のままでカタカナ語を用いるから、読み手を混乱させるというだけです。

筆者は、四番目に挙げた「テクニカル・ライティングのような文章作法をソフトウエア技術者が学んでいない」問題が一番大きいと考えます。次項で掘り下げてみましょう。

キャリアパスと文章力

ソフトウエア技術者のキャリアパスは企業によって異なるでしょうが、おおむね下の図のようなものになると考えられます。ここで言うキャリアパスとは、人材育成計画における育成経路のことです。

新入社員の時点でテクニカル・ライティングの教育を受けた経験があれば別ですが、ほとんどの場合には、ソフトウエア文章の書き方についての基礎は教わっていません。企業が行う基礎研修も、技術論とプログラム言語の教

図2-4●ソフトウエア技術者の一般的なキャリアパス

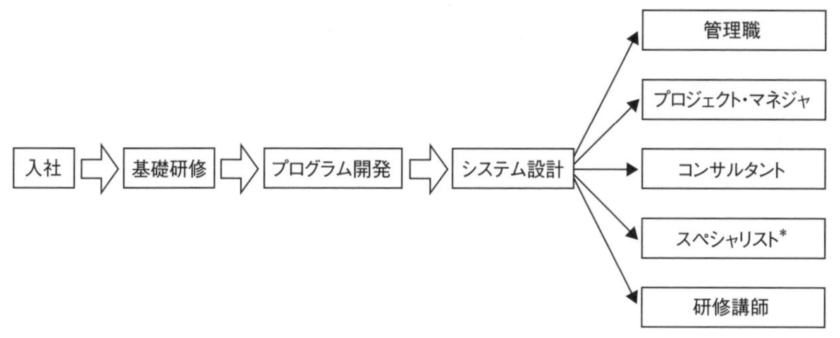

*スペシャリストには「ネットワーク・スペシャリスト」「データベース・スペシャリスト」「アプリケーション・スペシャリスト」「プロダクト・スペシャリスト」などがある

育がほとんどです。基礎研修は3カ月から6カ月、特に長い外資系企業の場合でも1年程度です。

基礎研修の後は、実際にプロジェクトに配属されるなどして、実践でのプログラム開発を行います。プログラム開発では、まとまったソフトウエア文章を書く機会はほとんどありません。この段階が、短ければ2～3年、長い場合でも7年ほどでしょう。プログラミング作業は単価が安く、年齢とともに上昇する社員の賃金に見合いません。企業は、早くシステム設計ができるようになってほしいのです。

システム設計に進むと、ほとんど文章作成の作業になります。技術者はこの時点までに、ソフトウエア文章の書き方を学んでいなければならないのです。しかしほとんどの企業は、この教育を行っていません。技術者もその重要性に気づいていないのです。教えることのできる人材も少ないという事情があります。これがソフトウエア技術者が文章を書けない、あるいは文章力が弱いという、本質的な原因であると筆者は考えます。

ソフトウエア文章力のスキル全体に対する位置付け

実はソフトウエア技術者にとって、ソフトウエア文章を書く力は、スキル全体の最も基礎となる、必須で不可欠なスキルです。ソフトウエア技術者のスキル構成を簡単に表すと下の図のようになります。

ここで言うテクニカル・スキルとは、プログラムを作成したり、ソフトウエア製品を理解し利用して、システムを構築することのできる能力です。マネジメント・スキルとは人を管理することのできる能力です。最後のポリティカル・スキルとは、政治的な交渉能力を指します。

この図で重要な点は、テクニカル・スキルはマネジメント・スキルの必要条件であり、マネジメント・スキルはポリティカル・スキルの必要条件だと言うことです。ソフトウエア技術者にとって、プロジェクト管理者になろうとすればマネジメント・スキルは必須であり、そのためにはテクニカル・スキルが必須ということになります。

ソフトウエア文章力は、テクニカル・スキルの基礎要素です。文章力がなければ、テクニカル・スキルといってもプログラム作成だけの力になってしまいます。

ソフトウエア技術者にとってこれだけ重要なソフトウエア文章力が軽視されてきた背景には、日本語そのものに対する理解不足と、“書くことにも技術力がある”ということが認識されていなかったことにあります。

図2-5●ソフトウエア技術者のスキル構成

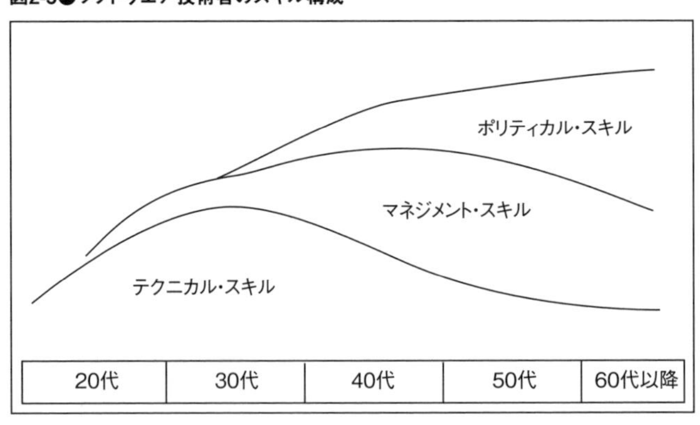

図で明らかなように、ソフトウエア文章力は20代の前半から、その基礎を習得しておく必要があります。それにより、生涯を通じてのソフトウエア文章力向上の土台ができあがるのです。

次の3章と4章、5章では、日本語そのものに対する理解を深めるために、日本語の特徴と文章の正確さ、分かりやすさについて、解説しようと思います。

3章

日本語の特徴

3-1 壊れ始めた日本語

まずは、日本語の特徴について次の問題を考えてみて下さい。以下の日本語は最近散見される問題のある文章です。問題点を指摘し、正しい文に改めてください。

1. 博物館で重要文化財を触ったとして、○○○を文化財保護法違反の容疑で現行犯逮捕した。（新聞報道）
2. 太郎は花子を好きだ。（中学生の作文）
3. 怪我人はいなかった。（鹿児島駅での脱線事故報道）
4. 患者は病院へ搬送された。（新聞報道）
5. お求めやすい価格になっております。（商店にあった看板）
6. 登壇者は愛想を振りまいていた。（雑誌記事）
7. （ひょっこりひょうたん島の）作者の故・井上ひさしさんの妻が被災地に手紙を……（テレビ放送）
8. この電車の止まる駅は鷺ノ宮・上石神井・田無・所沢に止まります。（車内放送）
9. 業績トップのおごりが裏目に出て、後一歩のところで商談をまとめそこなった。（記者会見）

お分かりになりましたか。すべてメディアで使われた文章です。これを取り上げた目的は文章の問題をあげつらうことではなく、日本語が壊れ始めたことを知ってもらうためです。

一つずつ検討しましょう。

「重要文化財を触ったとして」に問題があります。助詞の誤用です。触るという用言にかかる「を」が無いわけではありません。その場合は触るという動作の始点から終点に向かう途中で触れた場合です。そうであれば文化財保護法違反にはなりにくいのである程度の時間、触っていたということでしょう。そうであれば「重要文化財に触ったとして」とすべきです。

「太郎は花子を好きだ」も間違いです。この問題は「好き」という言葉の品詞が何かを考えれば分かります。さて何でしょう。答えは形容詞です。動詞と考える人がいるかも知れません。昔は「好く」という言い方がありました。今はありません。「好き」が形容詞であれば「この花を好きだ」とは言わないでしょう。正しくは「太郎は花子が好きだ」です。

「怪我人はいなかった」の何が間違いでしょう。「いる・いない」は具体的な存在について言えるのでありこの場合「怪我人」は抽象名詞ですから使えません。「怪我人はなかった」とすべきです。

「患者は病院へ搬送された」という文はどうでしょう。搬送という言葉は物にしか使えません。「患者は病院へ運ばれた」とすべきです。

「お求めやすい価格になっております」についてはここ数年の間にすっかり定着した感があります。本来は「お求めになりやすい価格」とするべきでしょう。これは動詞「求める」に接辞「やすい」がついたものですから「読みやすい」に対する「お読みやすい雑誌」とは言わないことが判断材料になります。

「登壇者は愛想を振りまいていた」について振りまくのは愛嬌であって、愛想は尽かすものでしょう。

「井上ひさしさんの妻が・・」妻とは二人称であって第三者が使うものではありません。言うのなら「井上ひさしさんの奥さんが」でしょう。

「この電車の止まる駅は鷺ノ宮・上石神井・田無・所沢に止まります」については主部が「止まる駅」で述部が「止まります」で対応していません。「この電車は鷺ノ宮・上石神井・田無・所沢に止まります」とするか「この電車の止まる駅は鷺ノ宮・上石神井・田無・所沢です」とすべきです。

「業績トップのおごりが裏目に出て、後一歩のところで商談をまとめそこなった」については「裏目に出る」という意味を調べれば分かります。つまり、物事が期待や希望とは反対の結果になることをそう言うのです。「することなすこと裏目に出る」などとします。おごりとは状態であり、期待や希望ではありません。

このように最近の日本語には文法を間違ったものや言葉遣いがおかしいものが散見されます。誤解を与えかねないばかりか教養を疑われかねません。そうならないように日本語を見直すのがこの章の目的です。

日本語を母国語とし意思伝達の手段としている人が、「日本語とは何か」などと考える場合は少ないと思われます。何の苦労をせずとも、日本語で他人が書いた文章を読むことができ、自分の意思や意見を書くことができているでしょう。

しかし、自分の書いた文章の内容は、最適だと言えるでしょうか。それは、自分の文章力と語彙の世界で実現されたものであって、もっと良い表現方法があるかもしれません。このことは、漫然と考えていたのでは気づきにくいものです。なぜかというと自分の文章の善しあしを測る尺度や、比較の対象がないからです。

自分の文章をより表現力豊かで伝わりやすい文章にしていくためには、文章の技術が必要です。その技術の骨格になるのは日本語の文法です。

ソフトウエア技術者は、言語を情報伝達手段として用いて、機能要求や設計を行います。日本人であれば日本語を用いるのが一般的ですから、その日本語がどのような特徴を持つ言語なのかを理解しておくことが必要です。

3-2 日本語の特徴を知る

日本語とはどのような言語でしょうか。この節では、ソフトウエア技術者として必要と思われる最低限の知識を整理します。

比較言語学という学問分野では、同じ系統の言語間で音韻の対応と文法構造を分析し、それらの祖語を復原しようと試みています。この比較言語学では通常、動詞の活用の仕方によって、言語を大まかに三種類に分類します。孤立語と屈折語と膠着語です。

【孤立語（こりつご）】

中国語に代表される言語です。孤立語と呼ばれる理由は、動詞が全く活用しない言語であり、個々の単語がほかに依存することなく孤立しているからです。単語の順序によって語の働きを示そうとする言語です。例えば動詞の「説」（言う）は、我説他（私は彼に言う）、他説我（彼は私に言う）などと用いられますが、活用形はありません。

また中国語には、日本語のカタカナにあたるような表現手段がありませんから、米国で新しい技術用語が生まれると、中国語ではその用語を意味する単語を漢字で作らなければ理解できません。孤立語には中国語以外にチベット語、タイ語があります。

【屈折語（くっせつご）】

屈折語は語頭・語尾などが活用形を持つ言語です。インド・ヨーロッパ語族の言語、つまりラテン語、ギリシア語、アラビア語をはじめ、欧州の言語の多くが主にこれに分類されます。英語もこの屈折語に分類されます。

屈折語と呼ぶ理由は、実質的な意味を担う部分と文法的な意味を担う部分の分離が難しく、語全体が屈折（活用）することによって両者が示される言語という意味です。例えば英語を初めて学ぶ時に誰でも丸暗記させられた、he、his、him；see、saw、seenなどの活用形に、屈折語的な性質が出現しています。

【膠着語（こうちゃくご)】

孤立語や屈折語と比較して、最も複雑な言語が膠着語（粘着語とも呼ぶ）です。日本語はこの膠着語に属しています。日本語以外には朝鮮語、満州語、モンゴル語、トルコ語、フィンランド語、ハンガリー語などが膠着語で、スワヒリ語やドイツ語、エスペラントなども膠着語的性質を持つとされています。

膠着語は、ある単語に接頭辞や接尾辞のような形態素を付着（膠着）させて、その単語の文の中での文法関係を示す特徴を持ちます。いささか分かりにくいですが、例えば文末に「ない」がくっつくと、全文の意味が逆転してしまうのがその一例です。膠着語は最後まで話を聞かないと理解できません。またこのような機能があるために、言いたいことをぼかすのも便利です。

例を示します。

「今日は残業をしよう」
「今日は残業をしようと思った」
「今日は残業をしようと思ったが、上司に誘われたのでやめた」
「今日は残業をしようと思ったが、上司に誘われたのでやめようと思った」
「今日は残業をしようと思ったが、上司に誘われたのでやめようと思ったが、これでいいのだろうか」

この例で分かる通り、膠着語は話し手や書き手には便利な言語です。しかし受け取る側（聞き手、読み手）にはとっては、最後まで聞かないと、あるいは読まないと結論が分からないという不便さがあります。ソフトウエア文章を書く場合、日本語が本質的にこのような言語であるということを十分に意識して、読み手が理解しやすい文章を書くように心がけましょう。

3-3 文の構造

文法の獲得

単語をいくつか組み合わせることで文ができます。しかしそこには文法という規則があって、規則に合わない組み合わせは意味が通じなくなります。私たちは日本語を無意識に使っているので、どのようにしてその文法を学習（獲得）したのか思い出しにくいものです。しかし、子供たちが話しているのを聞くとある程度推測できます。文法について理解するために、少し詳細に観察してみましょう。

赤ん坊は1歳を過ぎたころから、意味のある発音を始めるようになります。口を開いたまま出る声と、閉じたときに声がとぎれることを利用して、母音を中心とした発音ができるようになります。

例えば「マンマ・マンマ」とか「ウマ・ウマ」のたぐいです。これらは母親や食べ物を指しています。例えば「電車」を「ゴーゴー」、「自動車」を「ブーブー」、「歩く」を「アンヨ」、「抱かれる」ことを「ダッコ」というなどです。これらを幼稚語といいます。

次の段階では、これらの単語を組み合わせて意味を持たせるようになります。「マンマ、アンヨ」と言えば、母親に抱かれていた子供が歩きたいという意思を示していますし、「マンマ、ダッコ」であれば抱いてくれと頼んでいます。

さらに3歳を過ぎたころから豊かな表現をするようになります。例えば、「オカーチャンボク　オーキク　ナッタラ　オトーチャン　ミタイニ　ガッコーニ　イクヨ」、「クレオン　カッテ」や「オオキナ　ゾウサン　ミタイナ」などですが、まだ不自然な表現も多く使います。

「キレイナノ　エホンガ　ホシイ」。これは助詞の使い方に慣れていないための表現です。「キレイナノ」と使っているのは、「子供の絵本」と聞いて「○○の絵本」と絵本の前に「の」をつけることを学んだことを示しています。これから先、「きれいなの○○」とか「大きなの△△」などとは使わないことを、親や周りの会話の中から覚えていきます。これが文法学習の第一歩です。

文法の標準

文法は理屈ではありません。その国の言語に関する了解事項だといっても差し支えないでしょう。従って同じ日本語でも方言によっては文法が異なることもありますし、同じ文でも地域によっては異なる意味になります。

例えば「格納する」を意味する「しまう」は、西日本地方では「なおす」と言います。「ラジオをなおして」と言われて、ラジオが壊れて困っているのか、それとも出しっぱなしにされて困っているのか、状況によっては誤解を生じることになります。

最近よく聞く「食べれる」、「見れる」などの「ら」抜き表現を、誤った使い方だと指摘されることがあります。しかし「食べられる」と「食べれる」とは、違った表現にもなります。「この魚は食べれる」は「この魚は食べることができる」の誤用ですが、「この魚は食べられる」という表現を使うのが常に良いとは断言できません。「食べられる」という表現は、「小さな魚が大きな魚に食べられる」というような意味で使うこともあるからです。

また「見ることができる」を簡略化した「見れる」は、それほど違和感はありませんが、「ら」を付け加えた「見られる」は、誰かに目撃されたという受け身の意味でも使われます。「あの映画は見れる」という表現で、映画のできが良かったことを意味する場合もあります。

日本語の文法は「こうでなければならない」と言い切れないものが多いことを、頭に入れておきましょう。文法学者の間でも説が揺れている状況です。しかしどうでもよい、というわけにはいかないので、一定のルールは必要です。そのルールとして文部省から『中等文法』が提示され[注1]、これが標準の日本語文法としてほぼ認められています。ソフトウエア文章を書く上でも、日本語文法の基本は『中等文法』と考えておけばよいでしょう。本書でもこの『中等文法』を原則として、日本語の特徴や注意点、正確さや分かりやすさを解説していきます。

日本語の語順

言語学では、単語を文法的な性質や機能、形態、意味によって、「動詞」や「名詞」「形容詞」「助詞」などの品詞に分類します。日本語では、いろいろな品詞を助詞によってつなぐことにより、文が成立します。しかし、どのようなつなぎ方でも良いというわけではありません。つなぎ方が悪いと正確に意味が伝わらなかったり間違えて解釈される場合があります。ここでは日本語における語順について考えてみます。

次の単語をつないで文を作ってみましょう。

ア．「高い」

イ．「信頼性」

ウ．「通信」

エ．「実現する」

単純に考え得る並べ方を網羅して、明らかに意味をなさない組み合わせを取り除くと、次のようになります。

全部の一覧は巻末に収録しましたが、最終的に98通りの意味のある組み合わせができました。膠着語である日本語は、品詞の組み合わせ方が自由で、豊富な表現力を持ちます。その一方で、品詞の組み合わせに法則性を見いだしにくく、文法が難しい言語とも言えます。柔軟性と複雑さは表裏一体のものです。母国語として難しい言語を使う宿命を背負ったと思うか、豊かな表現力を備えた言語を得たと思うか、どちらでもよいのですが、ここは前向きに後者を選びたいものです。

表3-1●「高い」「信頼性」「通信」「実現する」をつないで作ることができる日本語の文章

(1)「高い」を先頭に置いた場合

1	高い		信頼性	の	通信	を	実現する
2	高い		信頼性	の	通信	が	実現する
3	高い		信頼性	の	通信	は	実現する
4	高い		信頼性	の	通信	で	実現する

(以下略。全体は巻末の「付録」を参照)

品詞の並べ方

これまで見てきたように、日本語では文を構成する際に、品詞を並べる順序を任意に決めることができます。文の中で結論を述べる部分を述部と呼びます。以下では、述部以外の語句を修飾語、述部を被修飾語と呼ぶことにします。

品詞の並べ方は自由だと言いましたが、文の構成によっては並べ方を工夫しなければ誤解を生むこともあります。

例えば「黒い目のかわいい少女」という文章は、次の三つの解釈ができます。

①「＜黒い＞目のかわいい少女」➡「黒い」が後半すべてを修飾する。

②「＜黒い目のかわいい＞少女」➡「黒い目のかわいい」が少女を修飾する。

③「＜黒い目の＞かわいい少女」➡「黒い目」が後半を修飾する。

このような3通りの解釈が可能になるのは、助詞である「の」が、複雑な機能をもっているからです。助詞の機能については後ほど説明します。

ソフトウエア文章を書く上で、一つの文章に複数の解釈が生じるようでは、良くない文章と言わざるを得ません。次のような順に品詞を並べて助詞を変えることで、それぞれの解釈が確実に伝わる、一意な良い文章になるでしょう。

解釈 ① ➡「目がかわいい黒い少女」

解釈 ② ➡「黒い目がかわいい少女」

解釈 ③ ➡「黒い目をしたかわいい少女」

もう一つ、「社員がパソコンで報告書を書いた」という文章を検討してみます。この場合には最後の「書いた」が述部になります。文の構造を図示してみます（図3-1）。

このように、日本語では述部が中心となり、述部にかかる修飾語は同等の価値です。従って修飾語は、どのようにでも並べることができるのです。以下に例示します。

図3-1●「社員がパソコンで報告書を書いた」という文の構造

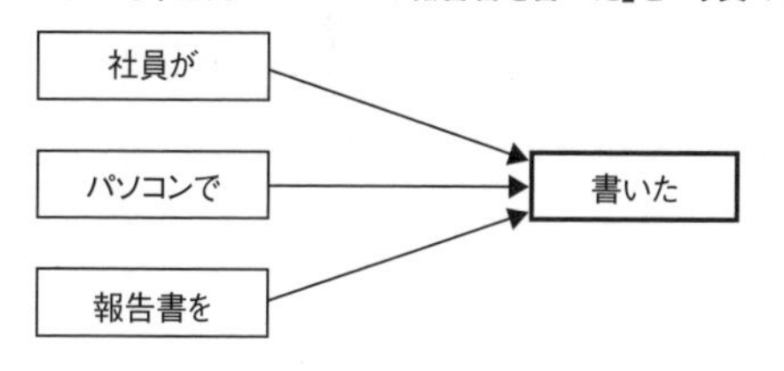

① 社員がパソコンで報告書を書いた。

② 社員が報告書をパソコンで書いた。

③ パソコンで社員が報告書を書いた。

④ パソコンで報告書を社員が書いた。

⑤ 報告書をパソコンで社員が書いた。

⑥ 報告書を社員がパソコンで書いた。

このように6通りの文章を作ることができます。では6通りのうちどれを使ってもよいのかというと、そうではありません。近年の文法研究では次のことが注目されています。

文の形が変われば意味も異なる

これは、品詞の並べ方は「情報構造」を表現しており、情報は「旧情報あるいは既知情報」から「新情報あるいは未知情報」の順に、左から右へと並ぶ構造を持つ、ということです。

先に示した6通りの文章はどれも同じことを言っているとも考えられるのですが、「文の形が変われば意味も変わる」という立場からは、それぞれ異なった意味を持つことになります。①の例ならば「社員がパソコンで報告書を書いた」ですから、

社員　→　パソコン　→　報告書

の順に情報が新しくなります。「社員」「パソコン」「報告書」のうち、読み手や聞き手がどの情報を知っており、何を結果として知りたいかによって、並べ方を使い分けるべきなのです。詳しく分析してみましょう。

① 社員がパソコンで報告書を書いた。

この文章からは、社員がもっぱら表計算だけにパソコンを使っていたが、あるときワープロ・ソフトで報告書を書けるようになった、という意味が読みとれます。

② 社員が報告書をパソコンで書いた。

これは、社員が通常、報告書を手書きで作成したものが、パソコンで報告書を作るようになったことを意味しています。

③ パソコンで社員が報告書を書いた。

上記①の文とほぼ同じ意味ですが、この文はパソコンが先頭にあります。パソコンが一般的な仕事の道具であり、作成する人は社員です。通常はイラストや数値データの入力をしているが、今回は報告書を書いた、との意味がくみ取れます。

④ パソコンで報告書を社員が書いた。

この文が書かれる状況としては、ふだんから業務にパソコンを使ってさまざまな書類を作成しており、それはほとんどがアルバイトなどの非社員が担当する作業だったが、たまたま社員が何がしかの理由で代行した、と考えることができます。

⑤ 報告書をパソコンで社員が書いた。

上記④とほぼ同じ意味ですが、状況認識としては、ここは報告書作成が主な業務である会社で、手書きの場合もパソコンで作成する場合もあり、非社員か社員か、誰が書いたのかが重要な意味を持つことになります。

⑥ 報告書を社員がパソコンで書いた。

⑤の状況と異なるのは、パソコンで書かれたものか、手書きで作られたものかが重要な意味を持つことです。

このように、語順は文を提示する状況の影響を受ける傾向があります。日ごろはあまり品詞の順序を意識していないでしょうが、できる限り正確に伝えなければならないソフトウエア文章を書く上では、こうしたところまで配慮すべきだと思います。

句の並べ方

品詞の並べ方の次は、句の並べ方を検討します。次の三つの句を組み合わせてみましょう。

「戦略的情報通信研究開発推進の制度」

「画期的な制度」

「国の制度」

三つの句はすべて「制度」に修飾語が付けられたものですので、一文にすることができます。組み合わせは6通りです。

(1) 戦略的情報通信開発推進の画期的な国の制度

(2) 戦略的情報通信開発推進の国の画期的な制度

(3) 国の戦略的情報通信開発推進の画期的な制度

(4) 国の画期的な戦略的情報通信開発推進の制度

(5) 画期的な国の戦略的情報通信開発推進の制度

(6) 画期的な戦略的情報通信開発推進の国の制度

では、最も分かりやすい表現はどれでしょうか。語感としては (1) です。日本語の場合、長い修飾語を先に持ってくると分かりやすい、という法則があるからです。

このうち一つを入れ替えた、次の三つの句ならばどうでしょう。

「戦略的情報通信研究開発推進の制度」

「これまでの弱点を補強する制度」

「国の制度」

やはり6通りですが、少し状況が変わります。

(7) 戦略的情報通信開発推進のこれまでの弱点を補強する国の制度

(8) 戦略的情報通信開発推進の国のこれまでの弱点を補強する制度

(9) 国の戦略的情報通信開発推進のこれまでの弱点を補強する制度

(10) 国のこれまでの弱点を補強する戦略的情報通信開発推進の制度

(11) これまでの弱点を補強する国の戦略的情報通信開発推進の制度

(12) これまでの弱点を補強する戦略的情報通信開発推進の国の制度

この例では、「補強する」べき「これまでの弱点」が、「国の弱点」なのか「戦略的情報通信開発推進の弱点」なのかで語順が違ってきます。弱点を補強するという意味がどちらにかかるのかを考えると、国全体の弱点と理解するより、戦略的情報通信開発推進の弱点とするほうが自然です。この6通りの中では、(11) が誤解の少ない組み合わせだと言えます。

このことから、「長い修飾語を先に持ってくる」法則にも例外があることが分かります。句の並べ方は機械的に法則に従うのではなく、伝えたい内容が誤解されないように選択する必要があります。

助詞について

日本語における「助詞」は品詞の種類の一つで、単語につけて自立語[注2)]同士の関係を表したり、対象を表したりする語句の総称です。『中等文法』では、助詞を次のように分類しています。

【格助詞】

体言、すなわち名詞と代名詞に付いて、文の中での意味関係（格）を表す。

が	の	を	に	へ	と	から	より
で	や	やら	か	とか	とも	なり	だの

【終助詞】

文や句の末尾に付いて、疑問・禁止・感動などの意味を加える。

か	な	なあ	よ	ね	ねえ	さ	ぜ
わ	とも						

【副助詞】

体言や副詞の後に付いて、全体として副詞的に働く。

は	も	こそ	でも	しか	か	まで	ばかり
だけ	ほど	くらい	など	なんか	きり	ほか	ずつ

【接続助詞】

文と文の意味関係を表して接続する。

ば	と	でも	とも	けれど	けれども	が	のに
ので	から	して	つつ	ながら	ところで	たり	だり
どころか	(で)						

日本語の文法における助詞の研究は、昭和に入ってから盛んになりましたが、定説がなく、現在もさまざまな議論が行われています。例えば上記の助詞以外にも、「係助詞」「間投助詞」「並列助詞」「準体助詞」「準副体助詞」などが考えられています。

私たちソフトウエア技術者は文法を専門としているわけではありません。正確で伝わりやすいソフトウエア文章を書くための規則として、文法を知る必要があるのです。ここでは助詞の重要性を知り、使い方をはっきり理解して文章作成に役立てることを主眼に、具体的な助詞の使い方を検討します。

助詞「は」の使い方

日本語の助詞「は」と「が」については、その機能について多くの議論がなされています。日本語を学ぼうとする非日本語話者の急増により、「は」と「が」を論理的に精密に説明する必要がでてきたわけです。

本項と次項では、ソフトウエア文章における「は」と「が」の使い方について検証します。まず本項では「は」の機能をみます。最初に結論を言えば、「は」を用いた文はいろいろな意味で解釈され、誤解される可能性があります。「は」を別の助詞で置き換えて表現できないか、常に考える必要があります。

次の例文は、企業における情報化の問題点について述べたものです。

【「は」の機能　その1:題目の提示】

A社は*1社員全員にパソコンを配布している。同社は*2この施策によって社員の情報共有が進むと考えている。しかし情報共有のための仕組みがない間は*3生産性を向上させることが難しいだろう。

最初の「A社は社員全員にパソコンを配布している」における「は*1」は、

「A社はナニヲシテイルカト言エバ → パソコンを配布している」ということを意味しています。この「は」は、話者がこれから説明することを提示して、「話の場を設定する」機能を持っています。つまり題目を提示する機能なのです。

ここで言う「題目」とは「討議・研究・施策などに関する主題や項目・問題・テーマ」を指します。問題を提起し、その後に答えがくることをほのめかす役目が「は」だと言えます。同様に「同社はこの施策によって社員の情報共有が進むと考えている」の「は」は、「同社は何ヲシテテイルカト言エバ → 考えている」という意味になります。この「は[*2]」も「は[*1]」と同じ機能を持つ「は」です。

次の「情報共有のための仕組みがない間は生産性を向上させることが難しいだろう」は、「情報共有のための仕組みがない間ドウナルカトイウト → 難しいだろう」という意味になります。「は[*1]」「は[*2]」と「は[*3]」の違いは、「は[*1]」「は[*2]」の前後は主題と述部の関係にあるのに対して、「は[*3]」の前の部分は述部に対する条件を述べていることです。つまり「情報共有のための仕組みがない間」が旧情報であり、それに対する答えが新情報としての「生産性を向上させることが難しいだろう」になっているのです。

では、次の例文で用いられている「は」の述部を示してください。

毎年のように情報化投資の予算を多額に計上して、実に多くのシステムを開発しながらも、それらのシステムが経営に役立っているのかどうか今ひとつはっきりしないのは[*1]、システムは[*2]経営に直結するものではない、と決め込んでいるからである。

答えは

「は[*1]」 → 決め込んでいるからである。

「は[*2]」 → 直結するものではない。

となります。この文は、「は」が入れ子構造を作ることを示しています。これを図で示すと図3-2のようになります。

図3-2●「は」の入れ子構造

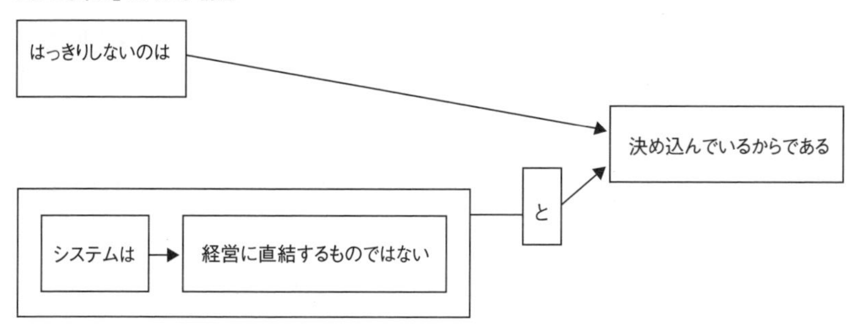

このように入れ子構造をもった文章は、ソフトウエア文章ではできるだけ避けるべきです。題目に対する述部が遠くに離れてしまい、意味をぼやかしてしまうのです。

次の例文には8個の「は」がありますが、最初の「は*1」の述部はどれでしょうか。

> コンテキストXML記述子は*1、妥当なコンテキスト要素をもつXMLデータの一部で、通常は*2メインのサーバー設定ファイル（conf/server.xml）にあり、これによって、特定のホストに関しては*3、コンテキスト記述子は*4$CATALINA_HOME/conf/[enginename]/[hostname]/foo.xml（[fooは*5任意の名前]）で設定できるなどTomcatで使われるさまざまな管理ツールでのWebアプリケーションの容易な操作や自動化を実現しています。ファイル名は*6Webアプリ名に紐づいては*7いませんが、Tomcatがコンテキスト記述子を生成する場合は*8いつもWebアプリ名に合わせた名前でファイルを作成することに注意してください。

答えは「実現しています」です。「は」で提示された題目と述部は、近くに置くのが分かりやすい文章のこつです。

【「は」の機能　その2：題目の対比】

このTCP/IPのパケットフィルタリング設定は*1 0000から4000番までのポートは*2通すが4001番以上のポートは*3通さない。

冒頭の「このTCP/IPのパケットフィルタリング設定は*1」と題目を設定している部分は、これ以降の全部に掛かっています。その述部の中に「0000から4000番までのポートは*2」と「4001番以上のポートは*3」の二つの「は」があります。この二つは、「対比の「は」」と呼ばれるものです。

「私はタバコは嫌いだ」

という文章では、題目「私は」の述部は「嫌いだ」です。嫌いなのは「タバコ」ですが、「タバコは」という対比の「は」を使うことで、タバコ以外に何か好きなものがあることを暗に含んだ表現です。例えば「私はタバコは嫌いだが、お酒は好きだ」と言いたいのかもしれません。明示的に対比するものを示さなくとも、題目の「は」に続く「は」は対比を示しているのです。

【「は」の機能　その3：述部の制限】

(1) ログ・ローテーションを午前４時に開始するよう設定する。

(2) ログ・ローテーションを午前４時には*1開始するよう設定する。

この文章の違いを考えてください。「午前4時に開始する」は「午前4時きっかりに」という意味になり、その前後の時間帯は指しません。一方、「午前４時には*1」とすれば「午前4時になるまでの間に」という意味になります。しかし、後者の意味を意図するなら、「午前4時までに」としたほうが誤解が少ない表現ですね。

同様に、次の文がどのような意味の違いを持つのか考えてください。

(3) ４月末までだめです。

(4) ４月末までは*2だめです。

「4月末までだめです」の場合、この発言のあった現時点から4月末まではだめだということになり、その先のことは分かりません。これに対して「4

月末までは*2だめです」には、「4月末までだめだが、それ以降ならよい」という意味が含まれていそうです。

では、次の文の違いを考えてください。

(5) 4月からあいています。

(6) 4月からは*3あいています。

「4月からあいています」とすれば、4月以降予定がないことになりますが、現時点のことには触れていません。しかし「4月からは*3あいています」とすれば、4月以前はあいていないことを意味しています。

もう一つ見てみましょう。

(7) 最近のパソコンは30万円にならない。

(8) 最近のパソコンは30万円には*4ならない。

この例文は、(7) では30万円を基準にしてパソコンの値段を指しています。前後の文脈によって、たぶんパソコンが登場したばかりのころについて語っていたのであれば「30万円を下回らない」という意味、逆に最近のように安いパソコンが出回っている状況を指していれば、「30万円を上回らない」との意味でも通用します。一方 (8) は「どんなに高くても30万円を超えることはない」と言う意味になります。なぜならば、パソコンの価格は下落傾向にあることが、背景に隠れているからです。

以上の4例から読みとれるように、「は」には、題目に対する述部に制限を設定する機能があります。

図3-3●「午前4時に」と「午前4時には」の違い

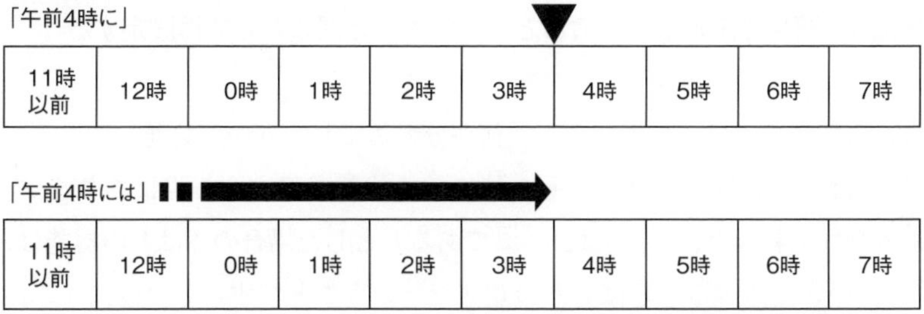

「午前4時に」

11時以前	12時	0時	1時	2時	3時	4時	5時	6時	7時

「午前4時には」

11時以前	12時	0時	1時	2時	3時	4時	5時	6時	7時

【「は」の機能　その4：問題の再設定の予告】

(9) データは正確であった。

(10) データは正確では*5あった。

この違いを考えるためには、どのような場合に（10）のような表現を使うのかを考えればはっきりします。例えば鉛筆の本数を数える問題で、対象は10本あるのだが、その中の1本は半分に折れているものだった場合はどうでしょう。数あるいはデータの上では確かに10本あるかもしれません。しかし、折れた鉛筆を1本と考えるかどうかが問題になります。鉛筆を使う人にとって、折れた鉛筆の価値は0.5本分だと解釈すると、9.5本分の価値というべきかもしれません。

このような場合に（10）の表現が使われるのです。つまり「は*5」には次のような意味が含まれているのです。

「データはある意味では正確だった。しかし解釈によっては、間違っているとの判断もできる。」

このように「は*5」は、「データは正確で」という題目を確定しつつ、そこに条件をつけます。あるいは問題として再設定します。

ここで、これまでに説明してきた「は」の機能をまとめます。

機能1：題目を定義し、そのあとの述部を予約する
機能2：題目の対比を示す
機能3：題目に対する述部に制限を設定する
機能4：題目を確定し、そのあとで条件または問題として再設定する

これら四つの「は」の機能から、何が分かるでしょうか。共通していることは、「は」が題目を受けて、その後に続く述部を案内する点にあります。分かりやすく言うと、「○○は、△△である」とした場合の「は」の機能は、「○○について述べるならば」との意味だということです。その後に「△△

である」という述部が続き、題目との関係が完了します。

その結果、「○○は」と「△△である」との間には、どのようにも文章を入れることができてしまいます。これが文章を複雑にする一因となるのです。文章を複雑にせず、分かりにくくしないためにも、「は」の働きについて深く理解してください。

そのために、さらに詳しく「は」の機能について考えます。

（例文） Aは、BがCである。

ここまで説明してきた通り、Aが題目です。Cは述部になります。「が」でうけられているBを、ここでは「主格」と呼ぶことにします。この形式の文から、意味や因果関係を引き継ぐようにしつつ、題目を取り払って名詞句を作るという実験をしてみましょう。
「このプログラムは、バグが多い」。
→「バグが多いこのプログラム」あるいは「バグの多いこのプログラム」
「研修は、上司が受けさせてくれた」。
→「研修を受けさせてくれた上司」
「渋谷は、ベンチャー企業が多い」。
→「渋谷に多いベンチャー企業」

このようにすると、「は」の代わりに「が」、「の」、「を」、「に」の助詞が現れます。主題を表す「は」には、潜在的に別の助詞の意味が含まれていると言えます。「は」を用いた文章が複雑になるのはこのためです。「は」を用いた文を作る場合には、その「は」を別の助詞で置き換えて表現できないか、常に考えてください。

助詞「が」の使い方

前項で、助詞「は」に「が」の意味が含まれている場合があることを紹介しました。「は」を別の助詞で置き換えて表現する場合、真っ先に思い浮かぶのが「が」でしょう。では、「は」と「が」はどのように違い、どう使い分けるべきか。「は」の代わりに「が」を使える場合と使えない場合について、検討します。

次の文について、どのように意味が異なるかを考えてください。

（1）新システムは無事に始動した。
（2）新システムが無事に始動した。

（3）新システムでは、セキュリティは重要な位置付けにある。
（4）新システムでは、セキュリティが重要な位置付けにある。

（5）Javaはオブジェクト指向言語の代表格である。
（6）Javaがオブジェクト指向言語の代表格である。

これら三つの文で用いられている「は」と「が」は、伝えようとする内容が異なっています。しかし、それがなぜ、どのように異なっているかを説明

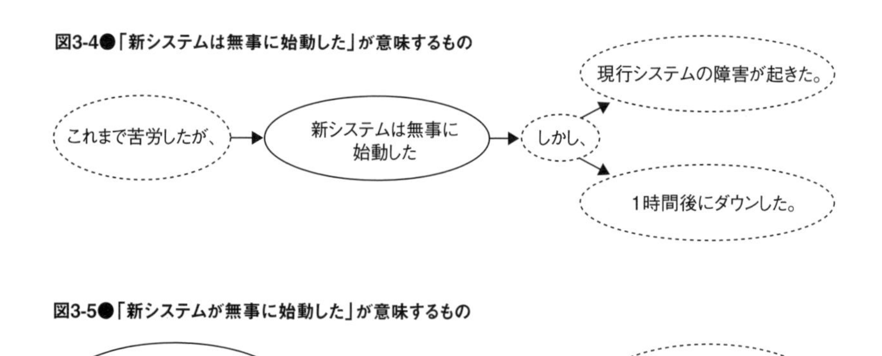

図3-4●「新システムは無事に始動した」が意味するもの

図3-5●「新システムが無事に始動した」が意味するもの

するとなると厄介です。この「異なっている」という感じを明確に説明でき、使い分けられるようになることが、正確なソフトウエア文章を書くことへの第一歩です。

「(1) 新システムは無事に始動した」の場合、「新システム」が「無事に始動した」ことだけを意味しません。図3-4を見てください。

このように、主題を「は」で受けると、「新システム」に関するさまざまな付帯状況が予測されます。「は」という助詞は、文章全体に大きくかかるのです。それに比べて「が」は、「は」のように大きくかかることはなく、「新システム」について「無事に始動した」ことだけを表します（図3-5）。

次の例文です。「(3) 新システムでは、セキュリティは重要な位置付けにある」。

ここで少し脱線しますが、最初の「では」は、「は」とどう違うでしょうか。「で」という助詞は、動作の場所および道具・手段・原因を表します。「新システムは…」とすれば、「新システムについて述べるならば」という意味ですが、「新システムでは…」とすれば、「いろいろあるシステムの中でも特に、新システムについて述べるとすれば」という意味になります。

本題の「は」と「が」に戻ります。「セキュリティは重要な位置付けにある」という文によって、「新システムの持ついくつかの機能のうち、特にセキュリティが重要だ」という意図が示されています。これを図3-6で見てみましょう。

一方、「(4) 新システムでは、セキュリティが重要な位置付けにある」という文では、図3-7のようになります。セキュリティだけが強調され、ほかの機能の存在は意識されません。

この「は」と「が」の違いは次のように、それぞれの文が回答になる質問を想像することでも、明確になります。

●新システムにおけるセキュリティの位置付けは？

　→ 新システムでは、セキュリティは重要な位置付けにある。

図3-6●「新システムでは、セキュリティは重要な位置付けにある」が意味するもの

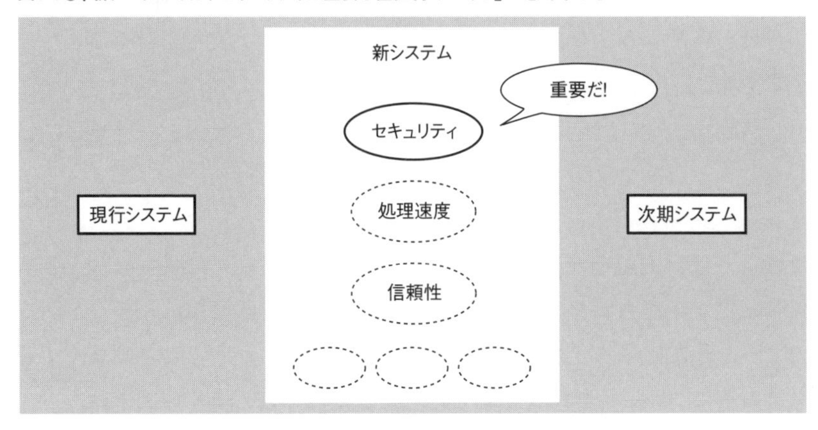

図3-7●「新システムでは、セキュリティが重要な位置付けにある」が意味するもの

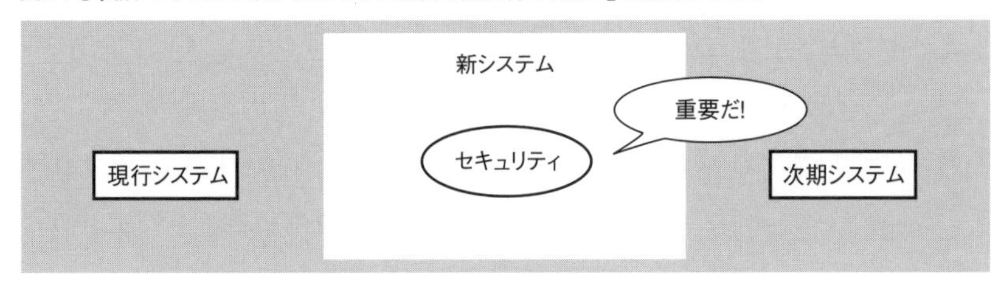

●新システムでは何が重要ですか？

　　→　新システムでは、セキュリティが重要な位置付けにある。

　3番目の例文の「は」と「が」の違いを見ましょう。「(5) Javaはオブジェクト指向言語の代表格である」と言う文では、「Javaについて述べるならば」という意味になります。Javaに関する特徴のうち、オブジェクト指向言語であることを強調しています。さらにその背景に、他のオブジェクト指向言語があります。その中でJavaが代表格だと言っているのです。

　一方、「(6) Javaがオブジェクト指向言語の代表格である」という文は、「オブジェクト指向言語の代表格はなにかというと、それはJavaである」という意味です。Javaの他の特徴、機能などは意識されません。

図3-8●「Javaはオブジェクト指向言語の代表格である」が意味するもの

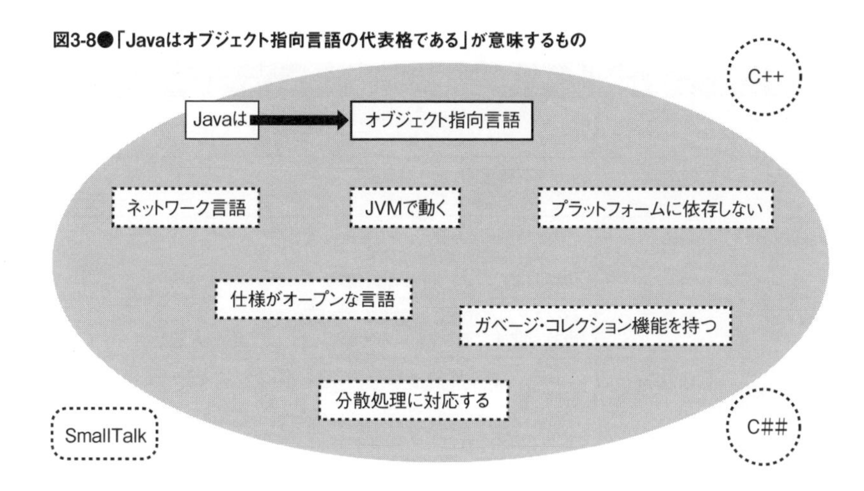

図3-9●「Javaがオブジェクト指向言語の代表格である」が意味するもの

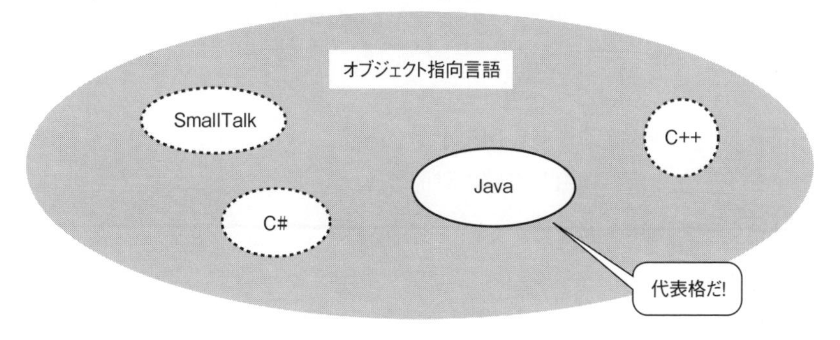

以上、「は」と「が」の使い方について検討してきました。表3-2に整理しておきます。

「に」と「へ」の違い

次に示した四つの文は一文字違うだけです。「文は形が異なれば意味も異なる」という前提からこれらの文について意味の違いを述べてください。

丘に登る　→　登る動作の到着点

表3-2●「は」と「が」の使い分け方

「は」	「が」	例文
旧情報	新情報	データがここにあります。(新情報) このデータ*は*持ち出さないで下さい。(旧情報)
判断文	現象文	データが蓄積された。(現象文) このデータ*は*重要だ。(判断文)
措定および指定	指定	どれが情報源となるデータですか。(指定) データ*は*情報源になる。(措定) 情報源*は*どのデータですか。(指定)
有題文	無題文	新システムが年末に始動する。(無題) 当社*は*年末に新システムの始動式を行う。(「当社」が題目)
文の中	節の中	このデータが処理される時には特殊なプログラムが起動する。(節の中) このデータ*は*処理される時には特殊なプログラムが起動することによって、異常な状態かどうかが判断される。(文の中*)
対比のとき	排他のとき	正常値が維持される。異常値*が*破棄される。(排他) 正常値*は*維持され、異常値*は*破棄される。(対比)

*「このデータが」は「処理される時」までしかかからないが、「このデータは」は「判断される」まで係る

丘へ登る　→　登る動作の方向を示す

丘を登る　→　丘を経由して別の目的地へ

丘まで登る　→　登る度合い

「丘へ」と「丘に」の違いは、考え方としては簡単です。例えば、「東京に行く」「東京へ行く」はどちらも使えます。しかし、「東京に住む」とは言っても、「東京へ住む」とは言いません。「住む」という動詞は場所だけを示して方向を考えません。「丘に登る」というのは丘という場所を指しています。「丘へ登る」は方向を示しているということが分かります。

「丘に」と「丘へ」の違いを明確にせよと言ったときには、明確にする方法があるということです。それを基にどう違うかということを説明してあげなくてはなりません。これを言語化と言い、その能力を言語化能力と言います。

今後、日本に外国人が増えていくでしょう。どこかでこのようなことを質問されるでしょう。そのときに「分からない」「そんなことは気にしなくて

よい」という答え方は彼らにとって残酷な言い方になります。母語話者であれば違いをきちんと答えてあげる必要があります。

大切なのは思考方法

実は、四つの助詞の違いはどうでもよくて、その違いからどのように文法を導くかという思考方法が重要なのです。私は技術者にそのことを教えているわけです。その一つの例として、「『登る』という動詞を『住む』という動詞に変えてみると、使える場合と使えない場合が出てくるでしょう。それはなぜだろうね」と考えさせるわけです。

このような話はわれわれ学生の頃は酒を飲みながらワイワイと話していたものです。大切なことは四つの文章の違いではありません。形が違えば意味が違うということ、意味が違うのであればどのように違いを発見するかという「発見の方法」が大事なのです。

「母語話者には文法はいらない」ということは、そのようなことも含んでいます。母語話者であれば、そのような分析をして違いが分かるから、文法を教える必要はない。そういう意味です。しかし、現在四つの文章の違いを明確に説明できる若者はいなくなりました。従って、あえて文法の考え方、分かり方、勉強の仕方を教えなくてはならなくなったのです。これは大変なことでありませんか。日本人が日本語文法を勉強しなくてはならなくなったのですから。

「京へ　筑紫に　坂東さ」

室町時代の前期にこのような言い方があったとされています。「どこに行く」というとき、京都は「どこへ」、九州の筑紫は「どこに」、坂東は「どこさ」という言葉を使っていたというザレ唄です。明治以前はお国言葉というものがあって、薩摩と会津では会話ができなかったと言います。そのため、漢文でやり取りをしていたという話もあります。当時、東京の山の手あたりで使われていた言葉を標準語としているわけですが、標準語といっても、参勤交代で東京の山の手に住まわされていた武士階級が使っていた言葉だったわけです。

われわれが最初に接する日本語は標準語ではなくお国言葉です。母親の言葉であり、父親の言葉であり、その地域の言葉です。小学校に入って初めて標準語に接しています。このことは認識しておいたほうがよいでしょう。助詞の使い方に関してはお国言葉の影響を強く受けているはずです。

それゆえに、「丘に登る」「丘へ登る」というような簡単な文章も１文字でも違えば意味が違うときつく言って違いを答えさせようとしても、地方ごとに回答が違ってきます。ソフトウエアの仕様書で間違って用いれば違う解釈になってしまう危険性があります。

「から」と「で」の違い

製品を見て、原材料がすぐに判断できない場合に「～から」を使い、原材料が判断できる場合に「～で（できる）」を用います。以下の例を参考にしてください。

材料の質が変わる場合は、「から」を使う

石油→プラスチック　まゆ→シルク　木→紙　ミルク→バター

水→氷　麦→ビール

材料の質が変わらない場合は、「で」を使う

卵→目玉焼き　絹→スカーフ　毛糸→セーター　木→割り箸紙→本　新鮮な魚→刺身

「まで」と「までに」と「までで」および「までは」の違い

次に挙げる三つの文は、どのように意味が異なるのか考えてください。

⑴ 相手方がデータ受信の確認信号を返すまで処理をとめる。

⑵ 相手方がデータ受信の確認信号を返すまでに処理をとめる。

⑶ 相手方がデータ受信の確認信号を返すまでで処理をとめる。

図3-10●「相手方がデータ受信の確認信号を返すまで(に/で/は)処理をとめる。」の前提となる状況

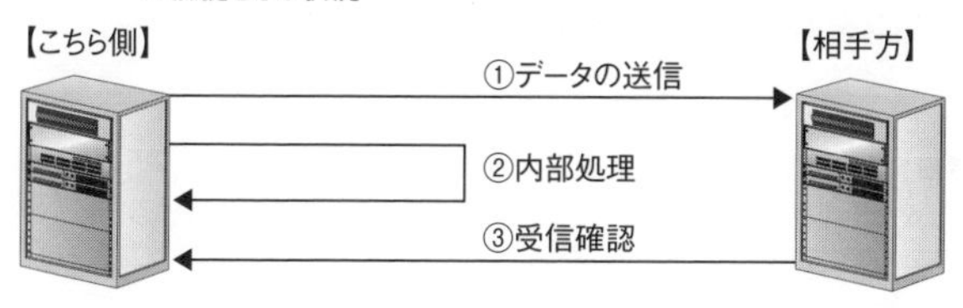

(4) 相手方がデータ受信確認信号を返すまでは処理をとめる。

この文章の背景としては、図3-10のような状況を想定できます。

(1) の「まで」は、動作の継続をあらわす動詞を制限します。③の受信確認が行われるまで、②の内部処理を行わないということです。

(2) の「までに」は、②の内部処理を止めるのはいつでもよいが、少なくとも③の受信確認が返される以前にとめるという意味です。

(3) の「までで」は、②の内部処理を続けているのだが、③の受信確認が返されれば内部処理を止めるという意味になります。

(4)「までは」には二つの解釈があります。「まで」と同様に解釈する場合と「までは」を処理の再開をするという解釈です。実はこの「までは」の「は」については特別な機能があります。それは20年ほど前まで日本人の常識的な解釈だったのです。いわゆる「行間仕様」と言われるものです。

本来は、「相手方がデータ受信確認信号を返すまで処理をとめる。次に処理を再開する」と書くべきところを、冗長表現とみなし「次に処理を再開する」という文を「は」一文字で代替したのです。この仕様で処理再開を実装しなければ、「君は行間が読めないのか」と叱られた時代があったのです。

今の時代であれば実装すべき機能は行間仕様ではなく文として記述したほうがよいのです。またこのような行間仕様で書かれた仕様であれば書いた本人に受信確認後の処理について質問するようにし

てください。

以下に四つの機能を図示しておきます。

図3-11●実装すべき四つの機能

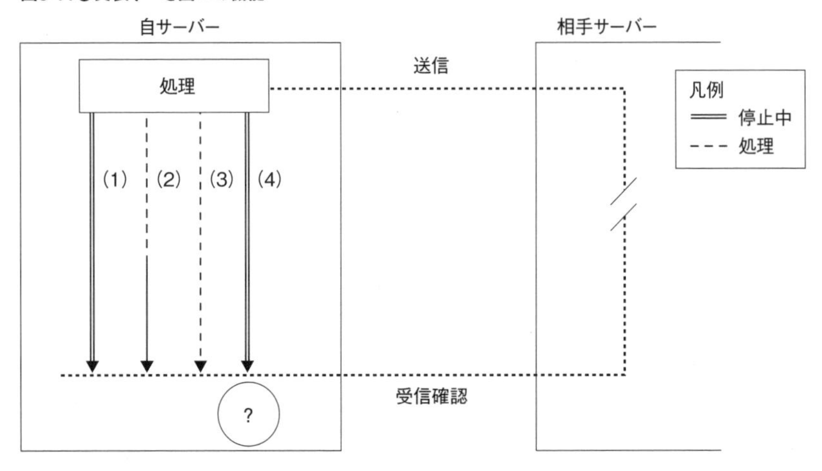

このようにソフトウエア文章では、1文字で処理の仕方が変わってしまいます。気をつけましょう。

「ので」と「から」の違い

サードベンダーのデータベースを使ったので開発が失敗したとは判断しない。

この文は、二通りの解釈ができます。

(1) ほかの重要なシステムのテストを目的としてサードベンダーのデータベースを使って開発してみた。結果として、次期システムではこの製品ではなく、ハード・ベンダーの純正データベースを使うべきだ、という重要な教訓が得られた。今回の開発については、失敗か成功かは議論しない。

(2) サードベンダーのデータベースを使ったので開発が失敗した、というのは間違った判断だ。何かほかにもっと大きな原因があったはずだ。

解釈を明確にするためには、例えば読点をつければよいのです。

(1) ’サードベンダーのデータベースを使ったので、開発が失敗したとは判断しない。

(2) ’サードベンダーのデータベースを使ったので開発が失敗した、とは判断しない。

では、次の二つの文はどのように意味が違いますか。

(3) 経験が足りないのでスケジュールが遅れます。

(4) 経験が足りないからスケジュールが遅れます。

「ので」と「から」の機能を十分に理解していないまま、使う人が多いようです。(3) の例文では、「経験が足りない」という客観的な事実認識があり、そこから「スケジュールが遅れる」という結論が導きだされています。

これに対して、(4) の例文は「スケジュールが遅れる」可能性を相手に伝えることに重点があり、その理由が「経験が足りない」からだと言っているのです。

比較すると、「ので」は客観的な表現であり、「から」は主観の入った意味になります。ソフトウエア文章を書く場合には客観的であるべきですから、「ので」を使うようにしてください。

3-4 1文字を大切にする

コミュニケーションの大前提は、発信者≠受信者です。言葉を受け取る側は、発信した側の思った意図で受け取るわけではありません。

先日、ホームページに掲載するセミナーの金額をどうするかをやりとりしているメールに、「金額は3000円＋材料費」でどうでしょうかと書いて送信したところ、相手から「材料費では、ホームページを見た人はいくらか分からないので心配になると思う。きちんと金額を書いたほうがよい」という返信がありました。

メールの発信者は、材料費を教えてほしいという意味で書きましたが、受信者は文字通りの意味にとらえたのです。

言葉の意味の決定権は、受け取る側にあります。言葉の受け取り手が意味を誤解しないように情報を発信しなくてはなりません。

たった1文字の違いでクレームになることがあります。ある航空会社で「みなさま、本日は、ご搭乗いただき、ありがとうございます」というアナウンスで、お客様からクレームがあったそうです。どこが問題なのか分かりますか？お客様からいただいたのは「本日は」という表現はおかしいというご指摘でした。何度も搭乗しているのだから「本日も」が正しいのではないか、というご指摘でした。私が通勤で毎日利用している電車でも、「本日“も”ご利用いただきありがとうございます」とアナウンスしています。

復唱で「か」は使わない

復唱の場合の語尾は「か」ではなく「ね」にします。「か」を使い、語尾が上がると「疑問形」になるからです。

購入した商品に傷があり「秋葉原支店で購入したのですが」と言ったお客様に、店員が「秋葉原支店ですか」と語尾上げで復唱すると、あなたは本当に秋葉原支店で購入したのかという疑問形になってしまい、お客様に不快感を与えてしまいます。

タクシーのドライバーがお客様の行き先を確認するときも同様だそうです。お客様が「秋葉原駅まで」と言ったときにドライバーが「秋葉原ですか？」と復唱し、そのニュアンスが語尾上げになってしまうと疑問形になります。お客様の中には、近場だから乗車してはいけないのかと受け取る方もいらっしゃり非常に不快感を与えるのです。

講師が、受講者の質問に対して復唱する場合も同じです。「エクセルの印刷方法が分かりません」という質問に対して「印刷ですか」と応答すると、「さっきも説明したのに、分からないのですか」というふうに高圧的な印象を与えてしまいます。

上司から指示された内容の復唱、電話でのお客様の名前の復唱時も同じです。上司から「コピーしてください」と指示されたとき、新入社員が「コピーですか」と復唱しそのうえ語尾上げであると、「なんで自分がコピーなんかしなくてはいけないの」という意味が含まれ、生意気な新入社員と受け取られてしまいます。

文章によるコミュニケーションは、対面や電話と違い相手の表情が見えずニュアンスがありませんので、より1文字の違いに気を付けなくてはなりません。

ある教室にサーバーとルーターとスイッチが置いてあり、その近くに「サーバーは触らないでください」という貼り紙がありました。書き手は、そこにある機器のすべてを触らないでほしいという意味で書いたのだと思います。教室の運営上で大きな支障はありませんが、この貼り紙を見て違和感を感じる人もいるでしょう。

そこで、日本語として正しいかどうか考えてみます。助詞「は」の機能の一つに、「題目の暗示的な対比」という機能があります。たとえば、「私はたばこは嫌いだ」という文章には、タバコは嫌いだが、酒は好きだという意味が含まれます。この「は」の機能から考えると、サーバーは触ってはいけないがルーターとスイッチは触ってよいという意味になります。すべての機器を触ってほしくないのであれば、「機器類には手を触れないでください」という文章にしてみてはどうでしょう。

誤解を招くケース

1文字の違いで無駄な質問が出てしまったプレゼンテーションの例をみてみましょう。

システムを説明するプレゼンテーションで発表者である技術者は、「サーバー上にある複数のファイルのうち、Aファイルはダウンロードする」と説明しました。スライドにも同じ記載がありました。プレゼンテーションが終わったときに聴き手からあった質問は、「サーバー上のAファイル以外はどうするのか」というものでした。システムの説明であるのにシステム以外の無駄な質問が出てしまったのです。技術者が、「複数あるファイルの中で利用するのはAファイルだけです。Aファイルのみダウンロードします」と説明していたら無駄な質問は出なかったでしょう。

機器交換の作業で次のようなトラブルがありました。機器交換の指示書の中に、「取り外したメモリは専用ケースに入れて持ち帰る」という一文がありました。作業を指示した人は、「メモリは専用ケースに入れて、取り外した機器のすべてを持ち帰る」という意味のつもりだったのでしょう。しかし、作業者は取り外したメモリのみ持ち帰ってきたのです。作業者はもう一度現場に残りの機器を取りに行くという無駄な時間と労力と交通費が発生してしまいました。

ソフトウエア開発の現場では、納品物はソースコードだけではありません。納品物の8割を占める仕様書や設計書という技術文書において、書き手による文章の違いは、品質のばらつきになります。納品物の品質が低下するのです。

例として、エンドユーザーが使用する操作マニュアルの文章があります。

Aさんが書いた文章

－－－－－－－－－－－－－－－－－－－－－－－－－－

ファイルをXドライブに保存する。

操作の手順

ファイルがXドライブへ保存できた。

－－－－－－－－－－－－－－－－－－－－－－－－－－

Bさんが書いた文章

－－－－－－－－－－－－－－－－－－－－－－－－－

ファイルをXドライブへ保存する。

操作の手順

ファイルがXドライブに保存できた。

－－－－－－－－－－－－－－－－－－－－－－－－－

助詞の「に」は到着点、「へ」は方向を示す役割があります。操作マニュアルの中で、次に操作が続くような場合には、Bさんの記述がよいでしょう。日常生活で考えてみるとよく分かります。「京都への道順」といいますが「京都にの道順」とはいいません。

1文字を大切にする気持ちを持つ

1文字の違いで相手に言葉が誤解され、傷つけてしまうこともあります。

ご家庭で、「今晩のごはんは何がいい」と聞かれ、「カレーでいいよ」と答える場合と、「カレーがいいよ」と答えるのでは、料理をする人の気持ちはずいぶん違います。「でいいよ」より「がいいよ」のほうが相手の気持ちに添っていて、料理する方も張り合いが出てくるでしょう。

好意を持つ相手に「あなたがいいよ」と伝えるのと、「あなたでいいよ」と伝えるのとでは、受け取り手の気持ちは大きく違います。「が」と「で」の1文字が違うだけですが、この違いで人生が大きく変わる場合もあります。1文字の違いを大切にする気持ちを持ちましょう。

3-5 英文法との比較

ソフトウエアにかかわる技術者は、実に多くの英単語や英文に接します。ことにオブジェクト指向技術は、英文法の構造が大きく関与しています。このような環境ですから、ソフトウエア技術者には英語力は不可欠です。

また、日本語とはどのような言語なのかを知る方法として、外国語と比較することは一つの有効な手段です。ここでは日本語と英語との違い、特に英語の文法解析を中心とした日本語文法との比較を通じて、日本語の特徴をみていきます。

ただし、これまで行われてきた日本の英語教育は100年も前の英文法に基づいている[注3]との指摘もあります。現代英米文法とは異なる点が多々あるようです。

日本人にとっての英語

おおかたの日本人は英語が不得意のようです。これには以下のように、いくつかの理由があります。

(1) 日本語にはない音素が英語にある

(2) 学習の順番が間違っている

(3) 英語モードの脳、すなわち神経回路がインストールされていない

(4) 日本語と文法体系がまったく異なる

まず (1) 日本語にはない音素が英語にある点です。音の最小単位である音素は日本語の場合20ですが、英語には45あります。日本人には聞き取れない音素が英語には使われているのです。また言語別の優先周波数帯も大きく異なります。表3-3を見てください。

日本語以外の言語は、ほとんどが1500Hzを超えた帯域で音素を使っていますから、日本語を使う日本人には時々聞こえない現象が起きます。またロシア語などのスラブ語系では非常に広い帯域の音素を使っています。スラブ語系の人々は語学が達者だと言えるかもしれません。

次に (2) 学習の順番が間違っている点です。人間の言語獲得は「音を聞く」→「話す」→「読む」→「書く」という順番です。これは母国語でも外国語

表3-3●言語別の優先周波数帯(参考文献[注4]を元に筆者が作成)

言語	周波数帯(Hz)	
	最低	最高
英語	2000	12000
フランス語(二つの帯域がある)	100	200
	1000	2000
ドイツ語	100	3000
スラブ語	125	8000
日本語	125	1500

でも同じです。同じだと言うことは、自然で効率が良いということです。

これに対して、これまでの日本における英語教育は「読む」→「書く」→「音を聞く」→「話す」の順で行われてきました。この教え方を「文法・翻訳メソッド」と呼びます。すなわち文法を教え、英文和訳・和文英訳で英語を教える方法です。これでは日本語の仲介なくして英語は理解できないことになってしまいます。

次に(3)英語モードの脳、すなわち神経回路がインストールされていない点です。この問題は(2)にも関係しているのでしょう。ソフトウエア技術者らしく、システムになぞらえた図で説明します(図3-12)。

英語の苦手な日本人の脳をモデル化しました。日本語OSが全体をコントロールします。インタプリタは辞書を使って英語と日本語との翻訳を行います。この脳は翻訳マシン型です。英文の翻訳になら使えるでしょうが、英会話では速度が遅く、実用的ではありません。

この脳を改造するためには英語OSをインストールする必要があります。インストール結果は図3-13のようになります。

この構成であれば英語も日本語もリアルタイムに処理することができます。言語間の翻訳は仮想マシンが行います。

図3-12●英語が不得意な脳

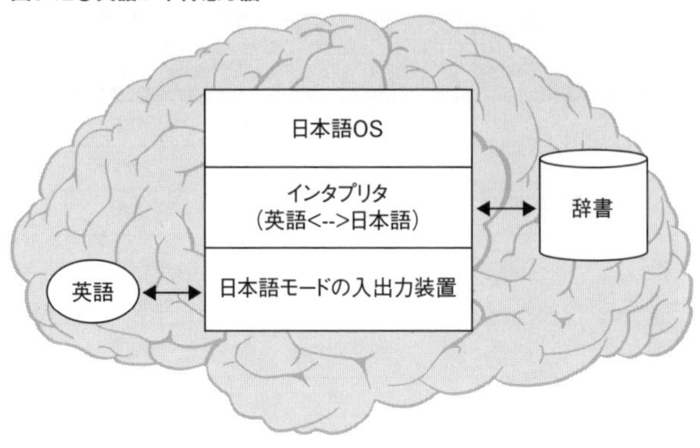

図3-13●英語が得意な脳

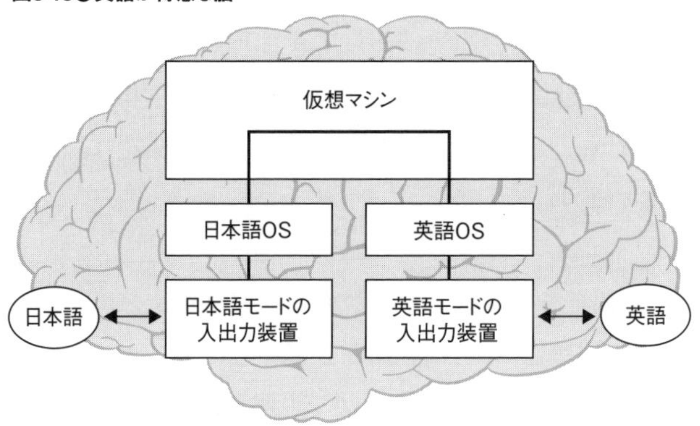

主語

英語のSubjectは通常「主語」と訳されています。American Heritageという英英辞典で「Subject」の意味を引いてみました。日本語訳では分からない部分もあるので英文を合わせて紹介します。

The noun, noun phrase, or pronoun in a sentence or clause that denotes the doer of the action or what is described by the predicate and that in some languages, such as English, can be identified by its characteristic position in simple sentences and in other languages, such as Latin, by inflectional endings.

【意訳】一つの文や文節のなかで、行為の主を表す「名詞」「名詞句」「代名詞」を指す。英語や英語に類似した言語においては、短い文中にあるSubjectの位置が述部に何が書かれるかを決定する。ラテン語では語尾変化にも影響を与える。

皆さんが考えていた主語の概念と同じでしたか。大辞林では「主語」を次のように説明しています。

文の成分の一。文の中で、「何がどうする」「何がどんなだ」「何が何だ」における「何が」を示す文節をいう。「犬が走る」「空が青い」「花散る」における「犬が」「空が」「花」の類。主辞。〔日本語においては、主語は必ずしも表現される必要がなく、文に現れないことも多い〕。

意味が違う部分がありそうです。英文で紹介したSubjectの機能を、改めて以下に整理してみます。

① 主語とは動詞が表現している行為・動作や状態の主人公である
② 主語は一つではない。複数の名詞や代名詞が一つ以上の動詞に対して主語になり得る
③ 主語になるのは「名詞」「代名詞」「動名詞」「不定詞」「句」の五つである
④ 主語には「本来の主語」と「形式上の主語」がある

この中で特に重要なのは、①で説明した内容です。これは別の言い方をすると、主語は振る舞いを持っていると言うことです。逆に振る舞いを持たないものは主語ではないと言えます。これを、英訳することで確認しましょう。川端康成の小説「雪国」の冒頭です。

国境の長いトンネルを抜けると雪国であった。夜の底が白くなった。

この小説はサイデンステッカー氏によって英訳されていますのでそれを引用します。

The night train passed through a tunnel and came into the snow country. Under the night sky, the earth was covered with white snow.

日本文の方には主語がありません。また日本人がこの文章を読んで主語を言えと問われれば、男か女か分からないが、向かい合わせの席に一人座って、窓に映る自分の顔をボンヤリ見ている人、になるでしょう。サイデンステッカー氏も十分に分かっていたと考えられます。しかし以下の論理から、われわれが考える人物は主語にはできません。

① 英語の主語は動詞の主人公でなければならない

② この日本文の動詞は「抜ける」である

③「抜ける」振る舞いを持つのは性別不明の誰かではなく、汽車がふさわしい

次の「夜の底が白くなった」にも主語はありません。同様の論理です。「夜の底」を「が」で受けても主語とはなり得ないのです。「白くなった」「白くならしめた」動作の主体は地球なのですから。

「雪国」のような小説は文芸ですから芸術の分野に入ります。芸術は創造力の勝負です。従って小説の文体はなるべく多くの解釈ができるようにしたほうが想像をかき立てます。

これに対して、ソフトウエア文章は文芸であってはなりません。正確で厳密であるべきです。技術者の中には文芸的文章を好む人もいますが、本来持つべきソフトウエア文章の役割は果たしません。特にソフトウエア文章における主語の明示は重要です。

さて、英語の主語に関する検討に戻ります。英文法における主語は、「名詞」「代名詞」「動名詞」「不定詞」「句」の五つである、と説明しました。これを例文で示します。

The subject may be:

a) A NOUN: The ice is cold.

b) A PRONOUN: He closed the door.

c) A GERUND: Teaching is learning.

d) An INFINITIVE: To teach is to learn.

e) A CLAUSE: Why he do so was no reason.

ネイティブな英語の使い手はこれらの文をどのように解釈しているのか示します。

The ice is cold.

The	Definite article.
Ice	Common noun, singular, subject of is.
Is	Intransitive verb tobe, 3rd person, singular, indicative present.
Cold	Qualitative adjective, complement of subject ice.

これを見て明らかなように、文を構成するすべての単語を品詞別に分類しています。英語のネイティブ･スピーカは脳に英文のチェック･リストを持っているようなものです。表3-4を参照してください。

これと同様なことを、私たちは日本語を使うときにやっているでしょうか。正確な文章を作成するのなら、ここまで徹底はしなくとも、一つひとつの単語には気を配りたいものです。

表3-4●英語のチェック・リスト

チェック項目	チェック内容	English
主語、動詞、名詞	数、単数か複数か	Number Singular Plural
主語が代名詞の場合	人称(1人称、2人称、3人称)	Person (1st, 2nd, 3rd)
性別	男性、女性、中性	Gendar - Masculine - Femail - Neuter
主語	どの動詞の主体か	
動詞	人称、数、モード(直接法、仮定法、命令法)	Indicative Mood Subjunctive Mood Imperative Mood

数、性

英語では名詞の数や性別について、日本語とは比較にならないほどやかましく言います。ソフトウエア文章においてもこの点は重要です。例えばオブジェクト指向でクラス分析をする場合、名詞が単数か複数かによって、インスタンスを考えるかどうかの判断基準になることがあります。

日本語があいまいで論理性に欠けるという意見は、複数形がないことが一役かっているという説があります。米国の言語学者が「日本人には思考においても単数と複数の区別ができない」と言ったそうです。しかし本当にそうでしょうか。次の文で検討してみましょう。

(1) 技術者がいる

(2) 技術者が集まっている

(3) 技術者たちがいる

(4) 技術者たちが集まっている

最初の (1) では技術者は何人でしょう。日本人なら一人と答えるのではありませんか。(2) では集まること自体が複数の技術者を暗示します。(3) は (1) とは違い、複数の技術者がいることを明示しています。(4) の「たち」は冗長表現です。これ以外にも「山々」や「木々」などと複数を表現できます。また代名詞なら「それら」「あれら」「これら」と表現できます。日本語では複数形を意識的に示す必要があるときのみこれらの使い方をしているはずです。

注1）国が定めた日本語文法としては、昭和18年の文部省『中等文法』（国定教科書）、戦後昭和22年発行の同『中等文法』を経て、現在は学習指導要領に基づき、中学校で口語文法、高等学校で文語文法を教えることになっている。「学校で学習される文法」の総称として「学校文法」や「教科書文法」という言い方はあるが、書籍としての「標準文法書」は現時点では存在しない。中学校学習指導要領「国語科」は http://www.mext.go.jp/b_menu/shuppan/sonota/990301c/990301b.htm で見られる。
あえて挙げれば、寺村秀夫著、独立行政法人国立国語研究所編で『日本語教育指導参考書：日本語の文法』（上：1978年、下：1981年）、という書籍がある

注2）単独で文節を構成できる品詞。具体的には名詞、動詞、形容詞など

注3）池上嘉彦、『＜英文法＞を考える』、ちくま学芸文庫、1995年

注4）アルフレッド・トマティス著、窪川英水訳、『モーツァルトを科学する』、日本実業出版社、1994年

4章

文章の正確さとは

ソフトウエア文章を書く上で最も大切なことは何でしょう。それは正確さです。たとえ文章表現が豊かであっても、内容が間違っていたら、その文章には価値がありません。正確な文章を書けるようになるためには基礎が必要です。

天才画家と言われたピカソでも、若いころにはデッサンの練習を何年もしたといわれています。絵画の世界でいわれていることがあります。「デッサン力がある人は戻れるが、それがない人は放蕩する」。つまり、基礎があればさまざまな芸術上の挑戦ができるが、なければ挑戦は破綻するということです。同じことが文章を書く行為にもいえます。

しかし、文章が正確であっても、その文章に価値がないことがあります。それは、文章を書く人に、自分が伝えたい内容が明確にされているかどうかにかかっています。いくら正確であっても、伝えたい内容がなければ意味をなさない点を再度認識しておいてください。

この章では、文章力の基礎となる、文章の正確さについて学んでいきます。

4-1 不正確な文章とは、正確さとは何か

この節では文章の正確さと、その反意である不正確さについて学びます。「正確さ」の意味を明確にするために、まずは「不正確」という言葉を用いた文章の具体例を見てみます。

Visual C++ .NET セキュリティ機能に関する不正確な主張

更新日: 2002 年 2 月 18 日

Cigital 社が公表したレポートでは、Visual C++ .NET のセキュリティに関して一連の根拠のない主張を行っています。このレポートは正しくありません。主張されているセキュリティの欠陥はまったく存在しませんし、Visual C++ .NET は正しく機能します。しかし、そのレポートは多くのニュース記事を生み出すことになり、このことに関してユーザーから多く

の質問を受け取ることになりました。マイクロソフトは、これを受けて、そのレポートおよびそのレポートで議論されている機能に関する情報を提供します。(中略)

Cigital のレポートは、この機能に関していくつか不正確な声明を行っています。

*レポートでは、この機能は StackGuard と呼ばれるサード パーティの製品を基にしていると主張しており、さらに、マイクロソフトはコンパイラに StackGuard を単純に“移植した”とまで主張しています。これはまったくの誤りです。マイクロソフトはこの機能を独自に実装しました。(後略)

(出典:http://www.microsoft.com/japan/msdn/visualc/compiler.asp。2005年10月時点)

上記の文章は、マイクロソフトが自社製品の脆弱性に関する批判に応えたものです。この文章で「不正確」としているのは、Cigital社の声明がマイクロソフトの認識している事実と異なる、という意味です。「不正確」は、事実と異なることを意味する場合があることが分かるでしょう。もう一例見てみます。

HP-UX パラレル プログラミング ガイド
第14章 不具合の究明と対策
14.3 浮動小数点の不正確

コンパイラは通常の算術規則を実数に適用します。コンパイラは、算術的に等しい2つの式の結果の数値は同一であると想定します。

ほとんどの実数はデジタルコンピュータで正確に表現することはできません。実数は浮動小数点値に丸められます。最適化によって浮動小数点式の評価順序が変わると、結果も変わることがあります。浮動小数点に丸めることによって、プログラムの中断、ゼロ除算、アドレスエラー、およ

び不正確な結果が生じる可能性があります。(後略)
(出典:http://docs.hp.com/ja/B3909-90017/ch14s03.html。2005年10月時点)

この文章は浮動小数点演算について、計算結果が不正確になる可能性があると述べています。この文章で用いられている「不正確」は、データが間違っているという意味です。

このように「不正確」には、いくつかのパターンがありそうです。筆者が整理してみたところ、次の五つに分類できました。

① 事実と意見との混同による不正確さ

② データの不正確さ

③ 用字・用語の不正確さ

④ 観察状況とその表現の不正確さ

⑤ 文法の不正確さ

これらの不正確さをなくせば正確な文章になります。それでは、一つひとつ点検していきましょう。

事実と意見との混同による不正確さ

「事実」の意味について、大辞林では「現実に起こり、または存在する事柄。本当のこと」と説明されています。そこで「本当」を調べると、「まちがっていたり、うそであったりしない・こと(さま)。真実。事実。本物。ほんと。」となっていました。よく分かりませんね。

このような場合には、事実ではない概念を拾い上げることで、事実の意味が明らかになるものです。「事実」の反対語には、噂などの虚実、幻覚、可能性などがあります。これらの概念の特徴をみると、主観的であることが分かります。事実はこれらの概念とは対立していますから、主観の反対語は客観となります。

このようなことから、「事実とは客観性があるもの」ということになります。では、客観性がある、とはどのような性質を持つのでしょうか。簡単に言うと、二人以上の人間が認め合うことのできるもの、ということです。具体的には、物理的な存在、数値化されたデータ、歴史上の事実などがあげられます。

ソフトウエア文章を書く場合に注意しなければならないことは、事実を主観的な「意見」と混同してしまう間違いを起こしやすい点です。次の例を見てください。

①このプログラムのロジックは、500行の命令で書かれている。

② このプログラムのロジックは、論理的に美しい。

①は事実の文章で、②は意見の文章です。①の記述はそのプログラムの命令を数えることで、事実かどうか確認できます。しかし、②の記述はそのプログラムを分析しても、論理が美しいかどうか分かりません。ロジックの美しさは主観的なものだからです。

ソフトウエア文章において、書き手が事実と意見を混同すると、読み手が判断を間違えてしまう危険性があります。

事実について述べる場合には、事実であることの確認を必要とします。その分野で認められた学者や技術者の論文・文献を参照したり、自分自身で経験して他人が客観的に事実を認識できるようにしたり、実験を行ってデータで示す、などの方法をとらなければなりません。

データの不正確さ

データは、文章の正確さを裏付ける重要な証拠です。不正確なデータが混在したソフトウエア文章は、それだけで価値がなくなります。ワインの樽に一滴の毒を入れたようなもので、もうそのワインは飲むことができません。

データは嘘をつきません。しかしデータによって人間が嘘をつくことはできます。排気ガスの有害物質除去装置のデータを偽造した商社の例は、記憶に新しいところです。ねつ造しないまでも、不正確なデータも問題を起こします。ソフトウエアのバグを少なく計算して問題の本質を見誤ったり、サーバー間を行き交うトランザクションの数を間違えて性能の計算に狂いを生じた、などの問題が起こりえます。

データの不正確さは、データ収集の方法が間違っていたり、集計が間違っていたり、分析の方法に間違いがある、などによって生じることもあります。

データは客観的なものです。データ自身が勝手に変わることはありません。データが不正確になるのは、ほとんどが以下のような書き手の不注意によって引き起こされるものです。

① 間違ったデータを、確認せずにそのまま採用した
② センチメートルやメートルなどの単位を間違った
③ 数値を大きな単位で丸めてしまった
④ 他のデータと取り違えた
⑤ 校正を重ねるうちに、古い版を提出してしまった
⑥ 有効桁数や誤差について理解していない

このうち、①〜⑤については特に説明の必要はないでしょう。⑥について少し追加で説明します。

(例題) 次の数式では、どれが最も正しいでしょうか。正しいと思うものにチェックしてください。

□ 0.5kg ＝ 500g
□ 0.5kg ＜ 500g
□ 0.5kg ＞ 500g
□ 0.5kg ≒ 500g

「0.5kg」が、誤差を含んだ測定値だとすれば、正確な値は0.45kg以上0.55kg未満の範囲です。一方「500g」は、499.5g以上500.5g未満です。正解は4番目の「ほぼ等しい」で、イコールではないということです。

この問題をさらに詳しく検討します。ある物質の重さを最小目盛が10gのハカリで量ったところ1780gあったとします。この計測結果は10の位より下を四捨五入した近似値です。つまり、1、7、8の値は信頼できるが、最後の0は信頼できないということです。このように近似値のうちで信頼できる数字のことを有効数字と呼びます。この考え方からすると先の問題で、

500gという値については、何桁までが有効数字か分からないというのが正確な考え方です。

有効数字の桁数を明確にするには、次のような表記方法が決められています。「500g」の3桁が有効桁数であれば、(5.00×10^{2}) gというように、10の累乗を使って表すのです。では、上位3桁が有効数字である「8700」を正しく書いてください。

解答：

1より小さい数字の有効桁数は、0.073g→ (7.3×10^{-2}) gのように書きます。この式は、有効数字が2桁（小数点以下3桁までが有効）であることを示しています。ソフトウエア文章でも、精度に関する厳密な記述が必要な場合があります。ぜひこの記法を使ってください。

用字・用語の不正確さ

この項では、用字と用語の扱い方について解説します。「用字」とは、「文章の中で、ある言葉を表すのに用いる文字や文字の使い方」を指します。「用語」とは、「文章の中で使用されている言葉で、特に、ある人や分野などにもっぱら用いられる字句と術語」を指します。ソフトウエア文章に限ったことではありませんが、適切な用字・用語を統一して使うことが基本です。

では何をもって用字・用語が適切であるかを判断すればよいのでしょう。つまり、拠り（より）所、基準は何かということです。次ページの表4-1に公式なものをまとめました。この三つの内閣告示・訓令は、文化庁のホームページ（http://www.bunka.go.jp/kokugo/）で閲覧することができます。「現代仮名遣い」と「送り仮名の付け方」は巻末に参考資料として載せておきますので、一度は目を通しておいてください。

これらはそれぞれ、使用する漢字、仮名遣い、送り仮名の原則と基本的な用例をまとめたものです。しかし、原則と基本的な用例だけでは、実際の文章を書く際、慣用的に使っている用字・用語と原則が合わず判断に迷う場合があります。

そこで参考になるのが「用字用語辞典」です。これは表4-1に示した三つのガイドラインを基本に、公用文の用例・用語集、学術用語集、新聞用語集、放送用語集など公共性が高い分野の用例・用語を総括し、現代の国語の基準として推奨される用字・用語の表記法と用例を示した冊子です。国語学者が編さんに携わっているものが多く、きちんとした国語学的裏付けがあります。ソフトウエア文章を書く場合には、ぜひ参照するようにしてください。

本項では、用字・用語の正しい使い方を、要点だけに絞ってごく簡単に解説します。この程度は、「用字用語辞典」を引かなくても分かるように、アタマに入れておきましょう。

まず漢字の使い方について説明します。適切な漢字のより所は「常用漢字表」です。日常的に常用漢字表を参照することが少ないため、不注意に常用漢字表にない「表外漢字」を使ってしまう場合があります。あるいは常用漢字表にない「表外音訓」なども同様ですので注意が必要です。

では、常用漢字表にない漢字は使えないかといえば、これには例外があります。何度も言いましたが、文章は読む相手に正しく伝わることが最大の目的です。常用漢字に含まれていないためにひらがなを使い、そのために誤解

表4-1●用字・用語の基準

より所	発令	内容
常用漢字表	昭和56年 内閣告示・訓令	現代の国語を書き表すための漢字使用（および音訓使用）の目安（1945字）
現代仮名遣い	昭和61年 内閣告示・訓令	現代国語の口語文を書き表すための文体 新:ゆう（言う）旧:いう、いふ、ゆふ
送り仮名の付け方	昭和48年 内閣告示・訓令 （昭和56年一部改正）	一般の社会において国語を書き表すための送り仮名の付け方 （活用のある語、活用のない語の通則など）

されたのでは本末転倒と言わざるを得ません。

常用漢字表の原則に固執して、思わぬ誤解を生んだ事例を紹介します。以下の文章は、1999年9月に茨城県東海村で発生した、「臨界事故」を報じた記事から抜粋・再編集したものです。

濃縮ウラン溶液を混合していた作業員2人が死亡。周辺住民も被ばくし、緊急避難した。

この文中の「被ばく」は、学術用語では「被曝」と書きます。曝は「さらされる」ことです。この漢字は常用漢字表にはありません。このため新聞などではひらがな書きにしました。しかし、多くの読み手はこれを「被爆」の意味だと思い、核爆発が起きたと誤解しました。

このような場合には、「被曝（ひばく）」と漢字で表記し、フリガナをつけるかルビをふるべきでしょう。常用漢字表は漢字使用の目安であって、すべて常用漢字表に従えと言うものではありません。確認のため、以下に常用漢字表（昭和56年内閣訓令）の前文を紹介します。

一、この表は、法令、公用文書、新聞、雑誌、放送など、一般の社会生活において、現代の国語を書き表す場合の漢字使用の目安を示すものである

二、この表は、科学・技術・芸術その他の各種専門分野や個々人の表記まで及ぼそうとするものではない

三、この表は、固有名詞を対象とするものではない

四、この表は、過去の著作や文書における漢字使用を否定するものではない

五、この表の運用に当たっては、個々の事情に応じて適切な考慮を加える余地のあるものである

だからといって、やみくもに漢字を使うべきだということではありません。ソフトウエア文章を書く場合には、常用漢字表の趣旨に従って表外漢字の使

用を避けるべきです。表外漢字でも専門用語として定着している場合には、使ってもよいとされています。しかし、専門用語も徐々に常用漢字表に準拠しつつあり、新規に用語を使う際にはできるだけ常用漢字表に沿うべきです。

常用漢字表では常用音訓も重要です。「予定」の「予」は「予め（あらかじめ）」と使う場合がありますが、これは表外音訓であり、使用を控えるべきです。

一般に副詞や接続詞はひらがな書きが適切です。次の表4-2を参考にしてください。

慣用として、接続詞に使われる場合はひらがな書き、動詞として使われる場合は漢字書きとします。例えば接続詞の場合「AおよびB」とすべきですが、動詞の場合、「影響を及ぼす」と漢字にします。

名詞や代名詞、動詞や形容詞の中にも、漢字を避けてひらがなを使った方がよい場合があります（表4-3）。

最後に、ひらがな書きよりも漢字のほうがよい場合を表4-4で紹介します。

表4-2●漢字とひらがなの使い分け（その1:副詞、接続詞、連体詞）

【副詞】

ひらがな表記	漢字表記	例文	備考
いったん	一旦	いったん最初に戻す	表外漢字
ほとんど	殆ど	ほとんど感じられない	表外漢字
わずか	僅か/纔か	わずかに異なる	表外漢字

【接続詞・連体詞】

ひらがな表記	漢字表記	例文	備考
あるいは	或いは	AあるいはB	表外漢字
いわゆる	所謂	いわゆるAである	表外漢字
および	及び	AおよびB	
もしくは	若しくは	AもしくはB	

表外:常用漢字表に含まれていない

表4-3●漢字とひらがなの使い分け(その2:代名詞、名詞、動詞、形容詞など)

【代名詞】

ひらがな表記	漢字表記	例文	備考
その	其の	その場合には	表外漢字
それぞれ	夫々	それぞれの場合には	表外漢字
	其々		表外音訓
おのおの	各々	おのおのの場合に	

【名詞】

ひらがな表記	漢字表記	例文	備考
～するうえで	～する上で	使用するうえで	
～つき	～付き	雨天につき	

【動詞・助動詞】

ひらがな表記	漢字表記	例文	備考
まとめる	纏める	結果をまとめる	表外音訓
できる	出来る	～することができる	
ください	下さい	～に注意してください	
～にみられるように	～に見られるように	この結果にみられるように	

【動詞・助動詞】

ひらがな表記	漢字表記	例文	備考
しやすい	し易い	変化しやすい	表外音訓
しがたい	し難い	許しがたい	
ない	無い	大きくない	

表4-4●漢字とひらがなの使い分け(その3:漢字表記すべき場合)

ひらがな表記	漢字表記	例文
にもとづく	に基づく	資料に基づく
あたり	当たり	1日当たり
かしょ	箇所	1箇所

観察状況とその表現の不正確さ

ソフトウエア文章は、正確なデータを基に書く必要があります。正確なデータを得るためには、正確な観察や実験を行う必要があります。先に「データの不正確」の項目で紹介した、ソフトウエアのバグを少なく計算したり、トランザクションの数を計り間違えるといったことは、観察や実験を正確に行わなかった結果と言えます。

「観察」には、漠然と対象を眺めるのではなく、「特定の意図をもって見る」という意味があります。観察結果の間違いで最も有名なのは「天動説」と「地動説」でしょう。太陽が東から昇り、西へ沈む姿を観察していれば、天動説は自然な考え方でしょう。しかし、星々の動きはあまりにも複雑でした。例えば火星などの惑星を観察すると、恒星と同じ動きをせず、位置を変えたり反対の方向へ動くこともあります。

それでも天動説は16世紀まで広く信じられていました。自分たちの住む世界がすべての中心であるという世界観、言い換えれば「特定の意図」が強く働いていたからです。

14世紀ころ、天文学の発展が求められるようになりました。大航海時代の船乗りたちが星々によって船の位置を知るためです。天体観測技術が高度になり、よりていねいな「観察」が行われた結果、天動説では説明できない現象がさらに数多く見つかりました。16世紀の天文学者コペルニクスは、その星々の複雑な動きに疑問を持ち、天を動かさずに地球の方を動かす地動説を唱えました。

17世紀に入ると天体望遠鏡が発明され、ついに「観察状況」が決定的に変化します。ガリレオ・ガリレイが木星を望遠鏡で観測して、四つの衛星が木星の周りを回っていることを発見しました。木星の周りで少しずつ位置を変えるだけでなく、木星の後ろに隠れたのです。ガリレオは同じように、太陽の周りを惑星が回っていてもおかしくないと考えました。さらに、火星の見かけの大きさが約40倍も変わること、金星の満ち欠けなどの発見からも、地動説を確信しました。

天動説から地動説への変遷には、観察についての重要な示唆が含まれています。法則や理論が発見されるには、まず「見る」行為があります。何度も「見る」ことから「観察」が行われます。「観察」の結果から「洞察」が行われ、「洞察」の結果から最後は「発見」に至ります。

ソフトウエア文章は、この一連の流れの最後に位置する、「発見」や「洞察」について記述するものです。その前提として、正確な観察が不可欠です。

観察を行う場合に気をつけなければならないことを説明します。観察には、観察者と被観察対象があります。観察者の視点や位置すなわち「観察状況」によって、被観察対象は大きく異なって認識される可能性があります。観察する場合には、どのような視点や位置から観察したのかを明確にしなければなりません。

可能ならば視点を変えて観察してみることが重要です。視点を変えた結果、以前の観察結果と異なる結果が得られた場合には、視点が間違っていたか、あるいは被観察対象が複雑なものである可能性があります。その場合には、新たな仮説を立てて、さらに観察と分析を深める必要があります。

この人物は、観察対象物を水平方向から観察して、それが三角形と認識しました。念のため、垂直方向から観察してみます。

今度は、円と観察します。二つの観察結果から、その形状が円錐であると結論づけられます。

観察データを漏らさず正確に集めるためには、チェックシートを準備します。このチェックシートには、「観察状況」を明確にするために、次のような項目が必要です。観察対象や目的に応じて、項目を適宜追加する必要があります。

① 観察項目
② 観察期間
③ 記録の間隔
④ 数値データの単位
⑤ 記録精度
⑥ 担当者と責任者
⑦ 観察者の意見を書く欄
⑧ 計測機器名
⑨ 記録媒体

文法の不正確さ

文法を間違えて文章を書くと、どのような問題を起こすのでしょうか。例を示します。

「サーバーのデータ処理負荷を軽減させる」
「サーバーがデータ処理負荷を軽減させる」

助詞「の」と係助詞「が」の1文字の違いです。しかし「の」を使った前者では主体者は誰か第三者であり、「が」を使った後者の主体者はサーバーになります。二つの文が全く異なったことを表現しているのは自明でしょう。

文法上間違いが起きやすいのは、同音異義語です。日本語には同音異義語がきわめて多く、日本電子化辞書研究所が作成した単語辞書を分析したところ、約27万語中約6割に同音異義語があるとされています[注1]。同音異義語は、正確には同音異綴異義語のことです。これ以外にも同訓異綴異義語、同音異綴異義語、異音異綴同義語、異音同綴同義語、および異音異綴異義語があります。

これらを間違って使うと、意図した文章とは意味の異なる文章になります。誤用を避けるためには、辞書を参照することです。ここでは、同音異綴異義語、同訓異綴異義語、同音異綴異義語、異音異綴異義語について重要なものを見てみます。同義語の知識も大切ですが、本書は「正確に伝わるソフトウエア文章の書き方」が主眼ですので省略し、異義語の紹介に絞りました。

【同音異綴異義語】

次の文章の（ ）欄に適切な言葉を入れてください。

「白バイのコウシン（　　　）を制御するプログラムにバグがあったので、修正してコウシン（　　　）したが直らなかった。原因は制御プログラムとのメッセージのコウシン（　　　）にあることが判明した。この修正はコウシン（　　　）の若手に対応を頼むことにしたが、彼は車を車庫からコウシン（　　　）させている最中だった。」

【同訓異綴異義語】

これは、「同訓異義語」とも略されます。訓読みが同じで綴り（つづり）が異なり、さらに意味が異なっている語のことです。例を示します。

① 開ける：閉じているものを開くこと。対義語は「閉じる」

　　例 → ファイルを開ける。

② 空ける：間に隙間や暇といったスペースを設けること。また、中身を捨てる意味での空にするという

　　例 → 行を空ける。時間を空ける。瓶を空ける。

③ 明ける：新しい時や時代の到来を告げることを表す。また「実行権限を明け渡す」などの使い方がある。「よく見えるようにする」という意味合いもある

　　例 → 冬が明ける。年が明ける。正体を明かす。

使い方の判別が難しい例として、次のようなものがあります。

④ 聞く：基本は耳を使って、音や動作を感じ取る動作のこと。
また、従うという意味も持つ
例 → 質問を聞く。管理者の言うことを聞く。

⑤ 聴く：耳を使う動作で、特に注意を傾けて聞く動作を表す
例 → 講演を聴く。振動音を聴く。

⑥ 訊く：人に質問すること。耳を使う動作ではなく、口を使う動作
例 → 疑問点を先輩に訊く。症状を訊く。

⑦ 利く：能力が発揮されるということを指す
例 → 気の利くＳＥだ。腕の利くプログラマ。幅を利かせる。応用が利く。
口の利き方に注意。

⑧ 効く：優れた作用や影響が出ることを指す
例 → 薬が効く。パッチ処理が効いた。コネが効いて会社に入社できた。

では、次の文章に適切な同訓異綴異義語を入れてください。

- バージョンアップによって機能がカ（　　　）わる。
- チームのメンバーをカ（　　　）える。
- 場所をカ（　　　）える。
- 電池をカ（　　）えたら、時計が動いた。
- 考え方がカタ（　　）い。
- ダイヤモンドはカタ（　　）い。
- カタ（　　）い管理でプロジェクトを成功させる

【同音同綴異義語】

これは、音も綴りも同じだが、意味が異なるものです。日本語は比喩的表現が豊かであるために、このような語が多いと思われます。

*「下り坂」　例：足が悪いので下り坂に注意した。／景気は下り坂になった。

*「釘付け」　例：絵画の美しさに目が釘付けになった。／窓を板で釘付けにする。

【異音同綴異義語】

異なる音読みで綴りが同じ、しかし意味が異なるものです。

例：「開眼」→ かいがん　（目を開くこと）

→ かいげん　（悟りを得ること）

4-2 事実と推定

事実についての一般的解釈

ソフトウエア文章では、事実を書かなければなりません。いまさらのように聞こえるかもしれませんが、事実とは何かを問うと、意外と難しいものです。

例えば、専門の画家は、訓練されていない普通の人よりも、花の色を10倍以上複雑に見ることができると言われています。普通の人がバラの花を「赤い」と認識しても、画家は、それを複雑な色が混じった結果としての赤色系と見るわけです。同じバラの花を見ても見え方が異なるとしたら、普通の人と画家とではどちらの見え方が「事実」なのでしょう。

「事実とは何か」についての認識は、表面的な概念を理解するだけで事足りるかもしれません。しかし技術者であるなら、ときにはより深い考察も必要でしょう。

その参考になる文献を引用します。出典は第1章でも紹介した小林秀雄の『信ずることと考えること』という講演です。小林秀雄はフランスの哲学者ベルグソンに傾注した人ですが、そのベルグソンの講演記録を題材に、事実についての認識のあり方を伝えています。まず、ベルグソンの講演内容から小林が引用した部分です。

この前の戦争で夫が戦死する。夫人は夫がちょうど死んだとき、幻で倒れたところを見る。そして夫が死んだことを知る。それであとでよく調べてみると幻で夫人が見た同じ時刻、同じ格好で死んでいたことが分かった。

この話をベルグソンは、ある会議でテレパシーの話になったとき、名のあるフランスの医学者にした。そしたら医者はこう答えた。「確かに私はこの話を信じる。その夫人は立派な人格の持ち主で嘘なんか決して言わない人だ。だけど困ったことがひとつある。それは昔から自分の身内が死んだ場合、死んだ知らせが実に多い。こういう経験は非常に多い。だけど間違った経験もある。正しくない幻もある。どうして正しくない幻の方をほっといて、正しい幻の方だけをなぜ取り上げなければならないか。それが困る。私は、夫人が嘘をついてないことを信じたいけど、たくさんの間違いがあるんじゃないか。人間はいろんな夢を見る。だけどその夢は、現実に照らし合わせてみれば正しくない。それで、その間違いな方をほっとく。偶然当たった方だけをどうして諸君は取り上げなければならんのか。」と答えた。

もうひとり若い女の人がいて「私は、先生のおっしゃることは間違っていると思います。」と言った。ベルグソンはそばで聞いていて、私は娘さんの方が正しいと思ったと言う。

これはどういうことかと言うと、学者は、どのくらい深く自分の学問の方法にとらわれているかということだ。立派な一流の学者であるほど自分の方法を堅く信じている。それで、知らず知らずのうちに方法の中に入って、とりこになっているものだ。だから具体性に目をつぶってしまう。医者は、その夫が戦死した夢の話を聞くとその夢は正しいか、正しくないかという問題に変えてしまう。その夫人は問題を話したんじゃなく、経験を話した。夫人にとっては、嘘か本当かという問題ではない。その経験を主観的だっていう。人間は経験する時に、主観的であるか客観的であるかなんて考えてない。

夫人は確かに見た話を、夫は倒れたか倒れなかったかという問題にすり変えてしまう。もしも、すり変えれば倒れた場合の数と倒れなかった場合の数を比較しなきゃならんじゃないか。そうすれば間違った場合の数の方が無限に多い。当たる方が本当に少ない。そしたらそれはただの偶然じゃないか。こういう結論が出るじゃないか。なぜそれは偶然だって結論が出るかっていうと、夫人の話をそっくりそのまま夫人の経験を具体性を信じないで、はたして夫は死んだか死なないかという抽象的問題に置き換えるから、そういう結果が起こるんだ。

この話にでてくる学者と夫人、皆さんはどちらが正しいと思いますか。学者のほうが正しいと感じる人も多いのではないでしょうか。しかし小林秀雄はそうではない、と言います。

ここまでの話にでてくる「学者」を「ソフトウエア技術者」と置き換えてみてください。単なる講釈とは思えなくなるでしょう。立派な技術者ほど自分のやり方に固執するというのです。そのために、モノの見方が偏ってしまう。いわゆる色眼鏡で世界を見てしまうということです。次は小林秀雄による分析です。

これは非常に大きなベルグソンの哲学がある。それには、科学者はどういう方法を用いてその方法の中から出られないかということをよく考えなければならない。科学は始まってから300年しかたってない。こういう科学は人間が出来た時からあると思っているけど、そうじゃない。科学的精神ってものは、近頃の風潮である。この科学的精神はどういうものをやってるかというと、人間の経験を科学的経験に置き換えた。科学的経験と人間の経験は全然違う。

我々の生活上の経験は、すべて合理的でない。感情もイマジネーションも入っている。それを合理的経験だけにしぼった。だから科学が出来たために、人間の広大な経験を非常に小さい狭い道の中に押し込めた。これはよく考えなきゃいけない。だから今日、経験科学というよりも科学は経験で計量できる経験だけにしぼった。他の経験は全部曖昧で、学問をするなら勘定できる経験だけにしぼれと、そういう狭い道をつけた。それを行ったがために、この学問は非常に発達した。これが科学の性格だ。

発達してきたけど理想とするところは、いつでもはっきりした計算だ。はっきりした計算できないものは信じていけない。それが法則だ。今日の近代科学の法則を提示すれば、計量できる変化ともうひとつの計量できる変化との間の変わらない関係を法則という。コンスタントの関係。だから、科学はいつでも法則のもとにある。法則がどうしても通用しないものは、科学ではない。それでそれを経験だと言っているけど、その経験は法則に従う経験だけに人間の経験をせばめたことだ。

こういうことを諸君は、はっきり知ってなきゃだめ。だから計量が科学では一番大事なことだから、科学が発達して以来、一番困ったのは人間の精神の問題だった。精神というのは、測れない。それで人間の精神をどういうふうに測ったらいいか。人間の精神を人間の脳に置き換えた。精神は脳にある。だから脳の分子の運動さえ正確に測れば、精神が正しく測れるはずであるという仮説を立てた。どうしてもこの仮説が科学者には必要だった。こういう道を科学は進んだ。

いかがでしょうか。「事実」に関するこのような認識の方法は、科学よりも哲学の範疇に入ります。しかし科学的な事実も、もともとは哲学の世界で取り扱われたものを応用しているのです。ソフトウエア技術者も、時間をみつけて哲学の勉強をしておくと、いろいろな局面で役立つはずです。

事実の種類

前項では、一般的な「事実」の考え方と、科学における「事実」の考え方の二つを説明してきました。ここではこれらを含めて、事実にはどのような種類があるのかを見てみます。

① 歴史的事実

記録されている歴史をもとに類推する場合に用いる、前提とする「事実」です。

例をあげて説明しましょう。東海地震は、駿河湾沖の駿河トラフで発生する海溝型の地震です。この地震は100年～150年の周期で発生しています。1944年に起きた「東南海地震」ではプレートの歪みが解消されていません。1854年に起きた「安政東海地震」から約150年間でプレート境界に相当な歪みが蓄積されているため、いつ大地震が発生してもおかしくないとみられています。

地震対策について論証する場合に、このような歴史的事実（この例では過去の大地震の発生時期）と地震の周期説を前提として示すことで、文章に説得力がでます。これらの資料は、インターネットや白書・年鑑類から参照できます。

② 科学・技術分野の事実

自然科学者はさまざまな自然現象を正確に捉え、それらを理論的に説明しようと試みます。技術者は、自然の法則を認識して、それを実際に適用しようと試みます。例えば、物質は熱を加えることで、個体から液体、そして気体へと変化します。自然科学者は、これを物質の分子構造が熱によって振動することから説明し、技術者は、蒸気機関などを作り出します。

現代科学や技術が培ってきたデータ、事実あるいは真理の蓄積は膨大な数にのぼります。誰もが使うことのできるこれらの事実や真理を、ソフトウエア文章の論証に使うことで、正確な論述ができるようになります。

しかし、収集しただけのデータは、本来の「事実」ではなく「前提となる事実」です。これらのデータを忠実に事実描写し、データの説明を試みることが必要です。なぜならば、この作業が一般法則や説明モデルからなる理論の役割、つまり論証そのものだからです。

③ 生活空間での事実

何か特定のものを説明する場合、比較するものがあれば、説明の対象がより鮮明に伝わります。この比較するものは、我々の生活空間に日常存在するものを利用します。製品の大きさを示すためにタバコの箱を横に置いて写真を撮ったり､巨大な面積や体積を占めるものの大きさを示すために｢東京ドーム○○個分」などとたとえます。

④ 教義的事実

教義とは、狭い意味では宗教で公に認められた真理やそれを命題化したもの、教理などを指します。広い意味では、聖書や論語、有名人の格言なども含みます。例えば、「真の共同体は、真の個人が実現されなければあり得ない～キェルケゴール～」というように引用します。

教義は、長い歴史の中で人間が蓄えてきた、生きる知恵ではありますが、独断的であることは、利用する場合に注意が必要です。ソフトウエア文章を書く際には、できるだけ避けるべきでしょう。

⑤ 理念上の事実

理念とは、物事のあるべき状態についての基本的な考えを指します。「教育理念」などがこれに当たります。理念は教義的事実に近く、事実としてとり扱う場合には注意が必要です。これもソフトウエア文章を書く際には、できるだけ避けるべきでしょう。

科学技術における事実の解釈

科学技術に関連する論争を観察し理解することは、正確に伝わるソフトウエア文章の書き方を体得する上で大切です。専門家や非専門家のさまざまな主張を観察し、根拠があるか、論証によって事実であることが証明されているかを見極める力を育てなければなりません。それぞれの主張には、発言する人の個人的な価値観も含まれているでしょう。それらを整理して、自分なりに考える工夫を行うことが、洞察力を鍛えます。

特に科学に関連のある問題が論争される場合、事実と意見の違いを明確に認識する必要があります。

例えば、事実を述べる場合には、「○○は△△である」となります。一方意見の場合には、「○○は□□であるべきである」という表現の仕方が多用されます。

「べき」という言葉を使った人には、その人独自の価値基準に基づいた判断、あるいは意見があります。私たちはこの基準が「誰にとっても、いつ見ても中立した客観基準」かどうか精査する必要があります。

さらに、その論旨における「事実とは何か」と問うことが重要です。「誰にとっての事実なのか」を考えることも欠かせない視点です。例えば法廷では、原告と被告がそれぞれの立場から事実について争います。事実が一つであれば争いは起きないでしょう。争いが起きるのは、それぞれの立場にとっての事実があるからです。この意味では、「特定の人にとって事実であっても、別の人にとっては事実に見えない」ということは起こり得るのです。

科学の世界では中立性や客観性が重要視されます。ところが、これには非常に難しい面があります。ある科学理論の間違いを証明するには、例外を一つ示せば事足ります。一方、その理論の正しさを証明するためには、すべての事例を網羅して例外がないことを示さなければならない。このため「ある理論の正しさを証明することは不可能だ」、という考え方もあります。逆にこの科学理論の弱みをついて、強引に非科学的な論を押しつけたり、事実と意見を巧妙に混在させるやり方も見受けられるのです。

ソフトウエア文章を書く立場としては、大いに注意しておきたいところです。

推定についての解釈

推定とは、明確には分からないことを、いろいろな根拠をもとに考察して決めることを意味します。この用語は、法律や統計数学でも用いられます。法律の場合には、明瞭でない法律関係・事実関係について一応の判断を下すことです。統計数学では、ある母集団から取り出された標本をもとにその母集団の平均・分散などを算出することです。

ソフトウエア文章の場合には、事実が定かではなく、自分の意見として判断を下す場合に推定を用います。

推定と似た用語に「推論」があります。推論とは、ある事実を基にして、他の事をおしはかることで、推理、推察や推定を重ねて結論を導くことです。推定よりも推論のほうがやや論理的な意味合いを強く持ちます。本項では、両者を合わせて推定と呼びます。

意見や推定を書く場合の注意点がありますので以下に列記します。

① 事実が先、意見が後。

② 誰の意見かを明示する。

③ 自分の意見であれば明確にその旨を説明する。

④ マニュアルには、意見や推定を入れない。

最初に事実をもってくる理由は、意見よりも事実のほうが受け入れやすいからです。例えば「バグはおおむね除去できたと考える」とするよりも「バグ除去率は95%となった」としたほうが分かりやすいでしょう。

文章の中で「何々と言われている」あるいは「何々とされている」と書く人がいます。分かる範囲で誰がそのような意見を言っているのかを明確にしましょう。中には自分の意見なのに他人の意見にすり替える人もいます。責任逃れはいけません。自分の意見であれば「私の考えは云々」あるいは、「何々と私は考える」とします。

最後にマニュアルについてです。マニュアルは手順書ですから、「こうすればこうなる」と書けば用が足り、執筆者が自分の意見や推定を述べるものではありません。

このようなことに注意しながらソフトウエア文章を書いてください。

4-3 文章を書く上でのマナー

ソフトウエア文章を書く場合には、事実としての正確さとともに、常に意識しておくべきことがあります。「分かりやすさ」は非常に重要なので、次の5章で深く解説します。本節ではそれ以外の、法律上の制約やマナーについて、以下の6項目に分けて説明します。

① 著作権

② 引用と転載

③ 登録商標

④ 不当景品類及び不当表示防止法、公正競争規約
⑤ 製造物責任法（PL法）
⑥ 差別表現

これらの法律上の制約やマナーは、社会一般に公開される製品だけではなく、ソフトウエア文章を書く場合にも遵守することが求められます。ソフトウエア開発は閉ざされた当事者間で行われる場合が多いのですが、当事者以外の利益を侵害しないこと、トラブルが起きた場合の防御策を用意しておくこと、そしてこれらに関して第三者から糾弾されないようにしておくために必要なのです。

著作権

著作権は、知的財産権（知的所有権）の一つです。知的財産権（知的所有権）の体系を図示すると、次のようになります。

知的財産権（知的所有権）は大きく三つに分類されます。一つは特許権、実用新案権、意匠権、商標権といった工業所有権です。そして、もう一つが文化的な創作物を保護の対象とする著作権で、これは著作権法という法律で

図4-1●知的財産権（知的所有権）の体系（著作権情報センターの資料より）

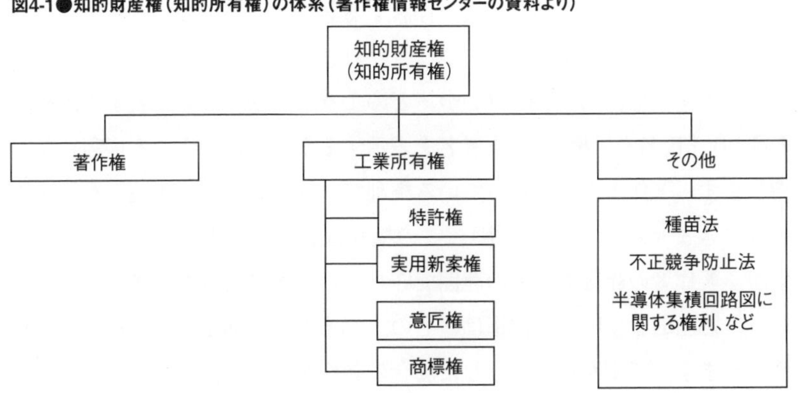

保護されています。そのほか、工業所有権に含まれない種苗法や不正競争防止法などの規定も、知的財産権と関連する場合があります。

著作権によって保護される「文化的な創作物」とは、文芸、学術、美術、音楽などのジャンルに入り、人間の思想、感情を創作的に表現したもののことで、著作物といいます。それを創作した人が著作者です。

工業所有権は、登録しなければ権利が発生しません。これに対して著作権は、権利を得るための手続きをなんら必要としません。著作物を創作した時点で自動的に権利が発生（無方式主義）し、以後著作者の死後50年まで保護されるのが原則です。著作権に対する理解と保護の度合いは、その国の文化のバロメータと言われています。それだけに、著作権とは何か、なぜ大切なのかをもっと知ることが必要です。

なお、次に挙げるものは著作物ですが、著作権はありません。

① 憲法そのほかの法令（地方公共団体の条例、規則も含む）

② 国や地方公共団体又は独立行政法人の告示、訓令、通達など

③ 裁判所の判決、決定、命令など

④ ①～③の翻訳物や編集物で国、地方公共団体または独立行政法人の作成するもの

著作者の権利は、人格的な利益を保護する著作者人格権と、財産的な利益を保護する著作権（財産権）の二つに分かれます。

著作者人格権は、「公表権」（いつ、どのような方法、形で公表するかを決める権利）「氏名表示権」（著作者名を表示するかしないか決める権利）などを指します。著作者だけが持っている権利で、譲渡したり、相続したりすることはできません（一身専属権）。この権利は著作者の死亡によって消滅しますが、著作者の死後も一定の範囲で守られることになっています。

一方、財産的な意味の著作権は、その一部または全部を譲渡したり相続したりできます。ですから、そうした場合の著作権者は著作者ではなく、著作

表4-5●著作物の種類

言語の著作物	論文、小説、脚本、詩歌、俳句、講演など
音楽の著作物	楽曲及び楽曲を伴う歌詞
舞踊、無言劇の著作物	日本舞踊、バレエ、ダンスなどの舞踊やパントマイムの振り付け
美術の著作物	絵画、版画、彫刻、まんが、書、舞台装置など(美術工芸品も含む)
建築の著作物	芸術的な建造物(設計図は図形の著作物に分類される)
地図、図形の著作物	地図と学術的な図面、図表、模型など
映画の著作物	劇場用映画、テレビ映画、ビデオ・ソフトなど
写真の著作物	写真、グラビアなど
プログラムの著作物	コンピュータ・プログラム
二次的著作物	上表の著作物(原著作物)を翻訳、編曲、変形、翻案(映画化など)し作成したもの
編集著作物	百科事典、辞書、新聞、雑誌、詩集などの編集物
データベースの著作物	データベース

権を譲り受けたり、相続したりした人ということになります。

著作権のある著作物を著作権者の許諾を得ないで無断で利用すれば、著作権侵害となります。ただし、著作権者が許諾なく使えると宣言している場合には、無断で利用しても著作権侵害にはなりません。

また、著作者に無断で著作物の内容や題号を改変したり、著作者が匿名を希望しているのに著作物に勝手に本名をつけて発行したりすれば、著作者人格権侵害となります。

さらに、無断複製物であることを知っていながら当該複製物を頒布したり、頒布の目的で所持する行為、著作物に付された権利者の情報や利用許諾の条件などの権利管理情報を故意に改変する行為なども、権利の侵害となります。

著作権に関する知識は、ソフトウエア技術者にとって重要です。詳細は他の書籍に譲りますが、ぜひ勉強しておくことをお勧めします。

引用と転載

インターネット上のホームページが増加するにつれ、著作権に関する問題が指摘されています。特に引用と転載についての話題が注目されています。

引用と転載の違いについてここで明確にしておきます。まず、無断引用は合法です。著作権者は引用を拒否することはできません。逆に無断転載は複製にあたり違法となります。違いは次の点にあります。

引用とは、すでに書かれた言葉の一部を引き合いに出し、自説を補足する形で使用することです。転載とは、文の全体もしくは一部をそのまま自分の印刷物に移して記載することです。引用はそれ自体がなくても文章が成り立ち、転載はそれなくしては文章が成り立たないものです。合法か違法かの重要な分かれ道です。この両者の違いをしっかりと覚えておく必要があります。

海外の文書を翻訳して利用する場合も、無断で翻訳して公開すれば、立派な著作権法違反になります。自分ですべて翻訳したものでも、内容は他人の書いたものであり、翻訳は言語間の移し替えにすぎません。従って、翻訳した文章を掲載するのにも許可が必要となります。

引用と転載について規定している著作権法第32条を紹介します。

（引用）
第三十二条　公表された著作物は、引用して利用することができる。この場合において、その引用は、公正な慣行に合致するものであり、かつ、報道、批評、研究その他の引用の目的上正当な範囲内で行なわれるものでなければならない。
2　国若しくは地方公共団体の機関又は独立行政法人が一般に周知させることを目的として作成し、その著作の名義の下に公表する広報資料、調査統計資料、報告書その他これらに類する著作物は、説明の材料として新聞紙、雑誌その他の刊行物に転載することができる。ただし、これを禁止する旨の表示がある場合は、この限りでない。
（平十一法二二〇・2項一部改正）

ソフトウエア文章においても、引用の出所（出典）を表記する必要があります。理由には二つあります。データの正確さを保証するためと、何か疑問が生じたときに参照できるようにするためです。出所は、書籍、論文、マスコミ記事・番組、資料、報告書、数表、写真、図、イラスト、取材先などです。出所（出典）が明示されていない場合、無断引用と見なされます。無断引用は違法とされてはいませんが、筆者の人格を疑われます。

引用の表記ルールとして、必要事項が明記されている必要があります。必要事項とは、書籍ならば執筆者名、書名、出版社、発行年次、引用箇所の頁番号です。論文ならば、論文名、執筆者名、掲載雑誌名、号数、何版目かをしめす版数が必要です。これらの出所は、書籍名であれば『　』で、論文名であれば「　」で括るのが一般的です。

英文の出所であれば、書名と雑誌名はイタリック体で表示するか、書名・雑誌名の下にアンダーラインを引きます。

これとは別に、数表・写真・図・イラストについては、それらの直下に出所を表示するのが一般的です。

社内の報告書などは内部資料として扱われる場合が多いため、出所をめぐる問題が生じることは多くありません。しかし、どのような報告書の利用方法であっても、他人の苦労した成果を無断引用したと見なされる危険があります。また出所がレポートの評価を決めることもあります。このようなことから社内の文章であっても、引用の出所は明記しておくべきです。

これ以外にも引用のルールがあります。自分の文章と引用の文章は主従の関係でなければなりません。自分の文章が「主」であり、引用の文章が「従」です。引用文献の紹介だけではだめで、自分の主張を持てと言うことです。さらに引用文の範囲を明確にし、必要不可欠な部分のみに引用をとどめるというルールもあります。

登録商標

商品やサービス（役務）につけるマークを商標と言います。商標となるものとしては、文字・図形・記号やそれらの組み合わせが挙げられます。法人の名前である商号も商標になります。さらに、芸能人やスポーツ選手、文化人、芸術家などはその活動がサービスとなり、自分の名前も商標登録できます。商標登録すれば、商標権の効力範囲で他人の使用が禁止され、他人は紛らわしい商標を使用できなくなります。

皆さんが書くソフトウエア文章の中に、商標や登録商標が出てくる場合には、該当する登録権者の名称を記述しなければなりません。一般的には、「見返し」（表紙をめくった次のページ）に一括して記載します。営利を目的としない論文や報告書でも、このルールに則る必要がありますので注意してください。

不当景品類及び不当表示防止法、公正競争規約

過大な景品付き販売や虚偽・誇大な表示が市場に増えると、消費者は商品やサービスの内容を正しく判断することができなくなります。事業者間の公正な競争が阻害され、商品本体についての競争が有効に働かなくなる恐れがあります。そこでこのような行為を規制する目的で、「不当景品類及び不当表示防止法（景品表示法）」（昭和37年5月15日・法律134号）が施行されました。

（目的）

第1条　この法律は、商品及び役務の取引に関連する不当な景品類及び表示による顧客の誘引を防止するため、私的独占の禁止及び公正取引の確保に関する法律（昭和22年法律第54号）の特例を定めることにより、公正な競争を確保し、もつて一般消費者の利益を保護することを目的とする。

（定義）

第2条　この法律で「景品類」とは、顧客を誘引するための手段として、その方法が直接的であるか間接的であるかを問わず、くじの方法によるかどうかを問わず、事業者が自己の供給する商品又は役務の取引（不動産に関する取引を含む。以下同じ。）に附随して相手方に提供する物品、金銭その他の経済上の利益であつて、公正取引委員会が指定するものをいう。

2　この法律で「表示」とは、顧客を誘引するための手段として、事業者が自己の供給する商品又は役務の内容又は取引条件その他これらの取引に関する事項について行なう広告その他の表示であつて、公正取引委員会が指定するものをいう。

(改正：平成11年7月16日・法律87号)

上に引用したように、第2条第2項に「顧客を誘引するための手段として(中略) 広告その他の表示」とあります。ソフトウエア文章との関係では、「提案書」がこの「表示」に該当します。一見ソフトウエア技術者とは関係のない法律のようですが、実は深くかかわっているのです。提案に関する資料は、「公正競争規約」を遵守した文章を書くことが義務づけられているということです。

公正競争規約についても、この景品表示法の中で定められています。

(公正競争規約)

第10条　事業者又は事業者団体は、公正取引委員会規則で定めるところにより、景品類又は表示に関する事項について、公正取引委員会の認定を受けて、不当な顧客の誘引を防止し、公正な競争を確保するための協定又は規約を締結し、又は改定することができる。これを変更しようとするときも同様とする。

2　公正取引委員会は、前項の協定又は規約(以下「公正競争規約」という。)が次の各号に適合すると認める場合でなければ、前項の認定をしてはならない。

一　不当な顧客の誘引を防止し、公正な競争を確保するために適切なものであること。

二　一般消費者及び関連事業者の利益を不当に害するおそれがないこと。

三　不当に差別的でないこと。

四　公正競争規約に参加し、又は公正競争規約から脱退することを不当に制限しないこと。

3　公正取引委員会は、第1項の認定を受けた公正競争規約が前項各号に適合するものでなくなつたと認めるときは、当該認定を取り消さなければならない。

4　公正取引委員会は、第1項又は前項の規定による処分をしたときは、公正取引委員会規則で定めるところにより、告示しなければならない。

5　私的独占の禁止及び公正取引の確保に関する法律第48条、第49条、

表4-6●家庭電気製品の表示に関する公正競争規約及び施行規則（部分）

公正競争規約	施行規則
（特定用語の使用基準） 第10条 事業者は、家電品の品質、性能等に関する次の各号に掲げる用語の使用については、当該各号に定めるところによらなければならない。	
（1）永久を意味する用語は 断定的に使用することはできない。	第34条　規約第10条第1項第1号に規定する永久を意味する用語とは「永久」、「永遠」、「パーマネント」、「いつまでも」等をいい、永久に持続することを意味する用語をいう。
（2）完全を意味する用語は 断定的に使用することはできない。	第35条　規約第10条第1項第2号に規定する「完全を意味する用語」とは「完ぺき」、「パーフェクト」、「100%」、「万能」、「オールマイティー」等、全く欠けるところがない
（3）安全性を意味する用語は 強調して使用することはできない。	第36条　規約10条第1項第3号の「安全性を意味する用語」とは「安心」「安全」「セーフティ」等どんな条件下でも安全を意味する用語をいう。ただし、安全性を意味する以外の「安心」はこの限りではない。 2.「安全」「安心」等を商品名及び愛称に冠して使用してはならない
（4）最上級及び優位性を意味する用語は 客観的事実に基づく具体的根拠を表示しなければならない。	第37条　規約第10条第1項第4号に規定する「最上級」及び「優位性」を意味する用語とは「最高」、「最大」、「最小」、「最高級」、「世界一」、「日本一」、「第一位」、「ナンバーワン」、「トップをゆく」、「他の追随を許さない」、「世界初」、「日本で初めて」、「いち早く」等の用語をいう。 2.「優位性」を意味する用語は、品質、性能等について他との間に客観的に十分な有意差がない場合は使用することができない。 3.「新」、「ニュー」等の用語は、当該品目の発売後1年を超えて、又は次の新型製品が発売されるまでの期間のいずれか短い期間を超えて使用することはできない。
（5）その他の用語の使用基準は、施行規則で定めるところによる。	第38条　規約第10条第1項第5号に規定する「その他の用語の使用基準」は、用語ごとに別表5によるものとする。
2. 前項の規定は、技術的専門語については、適用しない。	第39条規約第10条第2項に規定する「技術的専門用語」とは、業界、学界などで一般に広く使用されている用語で次のようなものをいう。 「超LSI」、「超伝導」、「スーパーソニック」、「最大出力」、「パーマネントマグネット」

第67条第1項及び第73条の規定は、第1項の認定を受けた公正競争規約及びこれに基づいてする事業者又は事業者団体の行為には、適用しない。
6　第1項又は第3項の規定による公正取引委員会の処分について不服があるものは、第4項の規定による告示があつた日から30日以内に、公正取引委員会に対し、不服の申立てをすることができる。この場合において、公正取引委員会は、審判手続を経て、審決をもつて、当該申立てを却下し、又は当該処分を取り消し、若しくは変更しなければならない。

公正競争規約は、公正取引委員会のもとで業界ごとに制定されているのです。社団法人全国公正取引協議会連合会のホームページ（http://www.jfftc.org/index.html）で参照することができますので、一度見ておくとよいでしょう。

ちなみに、ソフトウエアに関する公正競争規約はまだありません。ないからといってマナーやルールを無視してよいというものではありません。ソフトウエア以外の、例えば電化製品製造業などではこの規約を遵守しているわけですから、技術を扱うものとしては不当表示の規約には目を通しておくべきです。参考のため、家庭電気製品についての規約の一部を表4-6に示します。

製造物責任法（PL法）

ソフトウエア技術者ならば、前項の景品表示法よりもなじみ深いと思われますが、製造物責任法もソフトウエア文章を書く上では重要な法律です。

PL法で規定されている「製造物」には、設計仕様書、マニュアル、広告資料などの営業に関連した提案書類が含まれます。さらに、すべての製造工程と検査工程で品質マニュアルの製作が義務づけられています。このことから、PL法は単に製造物だけではなく、製造物にかかわるソフトウエア文章も対象としていることが分かります。

それではソフトウエアとPL法の関係はどうなのでしょう。PL法の第2条1項では、以下のように規定しています。

（定義）

第二条 この法律において「製造物」とは、製造又は加工された動産をいう。

ソフトウエア単体の場合は無体物と判断されており、「製造物」を「動産」と定義するPL法の適用外となっています。従ってソフトウエア・ベンダーは製造物責任を負わないと考えられています。このことは、立法時の政府見解であり、学説でも異論はなく肯定されています。

ただし、ファームウエアなどマイクロチップに組み込まれたソフトウエアの場合には動産であるから対象になるとされています[注2)]。

それでは、OSやソフトウエアが出荷時にインストールされたコンピュータはどうなのでしょう。これはソフトウエア単体とマイクロチップとの中間形態にあたると考えられます。これについては諸説があり、いまだ定まっていません。例えば、ハードウエアとソフトウエアのメーカーが同一であれば、ソフトウエアに欠陥があった場合には製造物責任法の対象になる。そうでなければ、ソフトウエアに欠陥があっても製造物責任法の対象にならないと考える説があります。メーカーの同一性に関係なく、インストールされることによって製造物の一部になったとする説もあります[注3)]。

また別の側面として、ソフトウエア・ベンダーは、エンドユーザー・ライセンス契約（EULA）に記された免責条項によって、製品の欠陥に対する訴えから守られていることが、PL法の適用を難しくしています。

現時点では、純粋なソフトウエア開発についてのソフトウエア文章は、PL法の対象になりにくいと考えてよいでしょう。しかし、PL法の対象にならないからいい加減な文章を書いてよいわけではありません。

差別表現

ソフトウエア文章を書く上で注意すべき最後の問題は、差別表現です。「差別」とは、人間個人および人間の集団を取り扱う場合に、不合理・不当な、または本来無関係な理由によって他よりも低く扱うことで、不利益を与えるような対応を指します。

差別の種類には、次のようなものがあります。

家柄差別、階級差別、学歴差別、思想差別、障害者差別、収入による差別、職業差別、人種差別、性差別、性的指向による差別、部落差別、年齢差別、民族差別、信仰による差別、身分差別

差別については、民族や思想、利害関係、時代背景などが絡み合って、一意に論じることが難しい問題です。例えば、「ブラインドタッチ」とか「ダム端末」という技術用語について、障害者差別のニュアンスがあるという人もいます。どこまで表現に敏感になるか難しいところですが、「タッチタイピング」などの同義語がありますから、こちらを使ったほうがよいでしょう。

こうした技術用語や単語一つひとつに目くじらを立てるよりも、むしろ差別表現で注意しなければならないのは、安易な比喩表現の使用です。何かと何かを比較して一方の価値が低い、と言おうとする時に、価値が低いとする側に「～のような」と個人や集団を指す言葉を使うと、差別表現になりがちなのです。文章を書く上で差別表現を使わないのは人間として当然です。日ごろから差別表現に関するセンスを磨いておきましょう。

注1）窪田友紀子、比企静雄、「日本語の同音異義語の統計的性質にもとづく漢字の鍵盤入力の効率化の検討」、ヒューマンインタフェースシンポジウム2002（対話発表2513）、2002年9月

注2）通商産業省産業政策局消費経済課編、『製造物責任法の解説』、p67、通商産業調査会、1994年、および、経済企画庁国民生活局消費者行政第一課編、『逐条解説・製造物責任法』、p57、商事法務研究会、1994年

注3）岡本佳世ほか、『企業のPL対策』、p67、商事法務研究会、1995年

5章

文章の分かりやすさとは

文章は他人に読んでもらって「分かる」ものでなくてはなりません。皆さんは自分で文章を書いた後で、それが果たして他人にとって分かりやすい文章になっているかと考えたことがありますか。考えたことがない、と言う人は、おそらく「分かりにくい」文章を書いている人です。せっかくの文章が、読み手に分からなかったり誤解されるのでは、困ったことです。

「分かりやすい」文章は、論旨がはっきりしている、理路整然としている、読み手の立場にたって書かれている、などと言われますが、これらの説明はそれ自体、あまり分かりやすいとは言えません。具体的にどうすれば良いのか、まずどういう文章が分かりにくいのかを考えてみましょう。

文章が分かりにくい原因を分析してみると、三つの段階があると考えられます。

第1段階：単語・用語の意味が分からない。これは専門用語や造語を多用した場合におきます。読み手の立場に立っていない、書き手の常識だけで語句を選択するために、こうなりがちです。

第2段階：単語・用語は分かるが、文章の意味が分からない。これは文章に否定や二重否定を多用した場合におきます。形容詞や副詞など、客観性を損なう語句が多い文章でも、意味が伝わりにくくなる場合があります。第1章で触れた重文や複文など、論理関係が長く入り組んだ記述を使った場合も、文章の意味が分からなくなりがちです。

第3段階：単語・用語や文章の意味は分かるが、前提となっている意見や考えが分からない。これは書き手の思想が明確になっていない場合や、主張が弱い場合におきます。

以下、これらの分かりにくさを避けて、分かりやすい文章を書くための心構えや、表現・用法の選び方について解説します。

5-1 読み手の立場に立った文章の書き方

文章を書く目的は、書き手の伝えたい内容を読み手に正確に伝えることにあります。どれだけ優れた文章であっても、読み手が理解できなければ、その文章は読み手にとって価値がないといえます。ソフトウエア文章の目的も「書き手の意図を正確に伝える」ことです。

読み手が書き手の文章を読んでくれるのは、その内容が読み手にとって関心のある事柄であり、読み手と書き手にとって共通の問題にかかわる場合です。例えばセキュリティに関する文章を書いた場合、読み手が最近コンピュータ・ウイルスの被害を受けたばかりであれば、真剣に読んでくれる可能性が高くなります。一方、データベースの専門家が先端の技術知識を得ようとしている場合、ネットワーク市場のシェア調査に関する文章にはあまり関心を示さないでしょう。

「書き手の意図を正確に伝える」には、書き手が読み手の関心事をつかんで、この文章に書かれている内容は、読み手とともに論じることができる問題である、と思わせることが必要なのです。ソフトウエア文章は読み手に、共通の問題を書き手と論じる場である、と感じてもらえなければなりません。この節では、読み手の立場に立った文章の書き方について説明します。

読み手の種類と語彙の選択

ソフトウエア文章の読み手は、次のように分類できます。

読み手が特定でき、書き手と同じ専門分野であれば、文章を専門的な内容で書くことができます。一方、読み手が書き手と異なる専門分野であれば、

図5-1●ソフトウエア文章の読み手を分類する

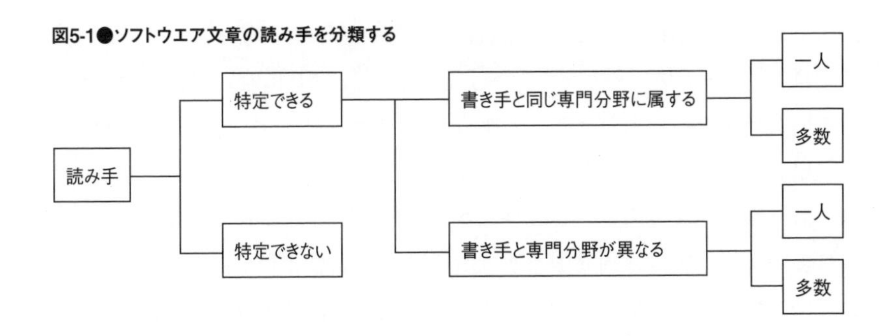

専門用語など語彙の選択に細心の注意を払う必要があります。専門用語に説明を付けたり、脚注を付ける、あるいは別の言い方で表現し直すなどの工夫が必要です。

読み手が特定できる場合でも、それが一人であるのか多数であるのかによって、書き方を変えるべき場合があります。例えば機密性の高い内容を上司に報告する文章の場合、相互に了解した専門用語を駆使することで機密性を高める効果が期待でき、情報伝達の効率も高まります。

しかし、このような状況はまれでしょう。基本的には、読み手が一人であっても多数であっても、多数の人が読むことを前提に書くべきです。

読み手が特定できないソフトウエア文章としては、マニュアルなどがあります。基本は前述の「専門が異なる読み手」向けと同じで、専門用語などは極力丁寧な説明を付けるべきです。外来語の音読みであるカタカナ言葉や、英数字からなる略語の使用も慎重に行う必要があります。ソフトウエア技術者は以下のような文章を当然のように書きますが、利用者向けのソフトウエア文章としては不適切です。

【例1】サーバーのセキュリティを確保するためにネットワークへのログオン時にユーザーIDとパスワードのチェックを行う。

【例2】ITインフラを刷新しERPを導入することでコーポレート・ガバナンスを実現する。

独立行政法人 国立国語研究所ではカタカナ語の言い換えを提案しています[注1)]。その中で、例えば「ガバナンス」には「統治」という言い換え語を示しており、使用例として「企業統治」が挙げられています。

では、「コーポレートガバナンス」を「企業統治」に言い換えれば分かりやすい文章になったと言えるでしょうか。「統治」と言うと通常は、「権力者が民衆を支配すること」という意味が想起されます。従って「企業統治」とは「会社を支配すること」と思う人が多いでしょう。これでは本来の意味とずれています。実は、国立国語研究所ではもう少し詳しく、次のように説明しています。「『コーポレートガバナンス』とは『組織が自らをうまく統治すること』」。これなら少なくとも誤解は生じないと思われます。

しかしむやみに丁寧な書き方をすれば、あっという間に紙面が尽きてしまいます。不特定多数の読み手を前提とした文章であっても、読み手を仮定した上で文章を書くべきです。前文や謝辞などで、仮定した読者について説明しておくほうが良いでしょう。

さらに、文章を読むのに必要な前提知識についても説明しておいたほうが親切です。特にソフトウエア製品のマニュアルなどでは、これを心がけましょう。

外資系ベンダーが提供するマニュアルは、基本的に中学卒業程度の読解力があれば読めるように書かれています。それでも、マニュアルの冒頭に「このマニュアルを読むのに必要な前提知識と経験」をきちんと説明している場合が多いのです。大いに見習いたいものです。

読み手の意識に近づいて推敲する

ソフトウエア文章でも、文章を書いた後には推敲が不可欠です。しかし自分で書いた文章を読み直す場合には、内容が頭に入っていることが災いして、記述すべき内容を書き落としている「抜け」を見落としやすいものです。句読点の位置などは比較的調整しやすいのですが、特に文章の構成や用語については、欠陥を見落としやすくなります。前項で述べたように、カタカナ語や略語を言い換えるだけで分かりやすい文章が書けたと思っていると、かえって誤解を生じることがあります。少しぐらい長い文章になっても、具体的に詳細を説明するべきです。

読み手に分かりやすい文章を書くためには、自分の書いた文章を1週間ほど寝かせておいてから読み直すことです。これにより「他人の書いた文章」を読む感覚で、査読ができるようになります。人によっては3カ月とか6カ月寝かせるべきだという人もいます。ソフトウエアの世界ではこんなに時間はとれないでしょうが、最低でも1週間は寝かせてから査読すれば、明らかに自分の文章の欠点が見えてきます。

5-2 否定と形容詞、副詞

分かりやすいソフトウエア文章を書く上では、否定文や二重否定文はできる限り使わないことが望まれます。また形容詞や副詞も、ソフトウエア文章ではなるべく使わないようにしましょう。以下で、その理由を説明します。

否定文

日本語の否定文は、「～ではない」と文末に「ない」をつけて表現します。「～ます」に対して「～ません」などのように文末を変える例もあります。否定の判断が文の末尾にくるため、否定の要素が文全体に悪影響を与える危険があります。ソフトウエア文章を書く上で、こうした性質は分かりやすさを損なうのです。

ただし否定文を、論理が変わらないように肯定文に置き換えればよい、という単純な話ではありません。その文章が伝えようとしている論理だけでなく、状況についての情報にも注意しなければ、書き換えの過程で意味が変わってしまう場合があるのです。

否定の形式には、表5-1に示したようなものがあります。この中で「ぬ」は「ない」の古語です。現代語でも限られた慣用表現の中で使われることがあります。また「ず・ざる・ね」は「ぬ」の活用形とされます。

「大阪へ行きますか」、「いいえ、行きません」といった文章は、否定の範

表5-1●日本語の否定形式

否定文	例文
ない	～のではない　大きくない　小さくはない　読まない
ません	私のではありません　大きくありません　読みません
ず	読まず(に)
ざる	読まざるを得ない
ぬ	知らぬ存ぜぬ　知らぬ間(ま)に(知らない間に)
ね	知らねばならぬこと(知らなければならないこと)

囲が狭いために誤解を生むことはありません。しかし「車は急にとまれない」という文章の場合、否定の「ない」は「急に」と「とまる」の2カ所に係ります（図5-2）。

この文章を肯定文で表わすと、「車はゆっくりとまる」となります。「ない」という否定が「とまる」に係っているのは事実ですから、この文では「急にとまる」という動詞句全体に係っていると考えることができます。これを「否定の範囲」と呼びます。

では「急にとまれない」が「ゆっくりとまる」意味であることを説明するにはどうしたらよいでしょう。それには「否定の焦点」という考え方が必要になります（図5-3）。この文では「急に」が否定の焦点ですから、「急に」の反意語が「ゆっくり」となります。係助詞「は」は否定の範囲を明確に限定します。

別の例文を見てみましょう。ある特定のファイルへのコメントとして、次のような注意が書かれていたとします。

「ファイルを破壊する恐れのある書き込みなどのアクセスをしてはならない」。

ある人は、「ファイルを破壊する恐れがなければ」書き込みを含めてアク

図5-2●「車は急にとまれない」という文章の構造

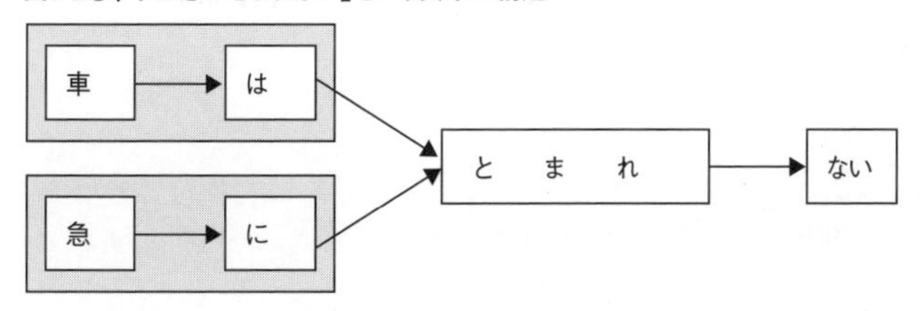

図5-3●「否定の範囲」と「否定の焦点」

「車は急にとまれない」が「人間は急にとまれる」

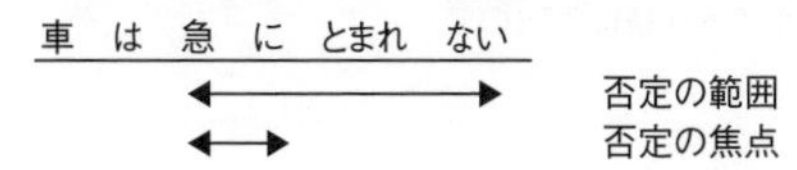

セスしてよいと理解します。またある人は、「読み込みのアクセスならば良い」と考えます。特定のケースの否定は、その他のケースの肯定として受け取られます。「否定の範囲」があいまいであるため、2通りの解釈ができてしまいました。この例であれば、安全性が重要だと思われますので、書き手は「このファイルは読み込みアクセスだけが許可されている」としておけばよかったでしょう。

プログラムの論理を記述する文章でも、否定表現は混乱を招きます。

「商品コードが1000でなく、あるいは2000でないレコードは、マスターから削除する」

これは、筆者が実際のプログラム開発でデバッグを手伝っていて遭遇した文章です。この条件文は日本語として素直に読むことができます。書き手は「商品コードが1000のレコードと2000のレコードだけ残して、そのほかをマスターから削除する」という意図で書いたと想像できます。しかし、すべての読み手にそう解釈してもらえるでしょうか。第1章で「論理は正しいが論理的ではない」文章を紹介しました（「論理的に考える力、論理力」参照）。この文章も同じです。検証しましょう（図5-4）。

読者諸氏がソフトウエア技術者であることを前提に、説明に命題論理の式

図5-4●「商品コードが1000でなく、あるいは2000でないレコードは、マスターから削除する」の疑似プログラムと論理式

```
A=商品コード
B=1000
C=2000
IF  A≠B  OR  A≠C
    THEN  レコードをマスターから削除
```

㈰ 条件部の「A≠B　OR　A≠C」を
論理式（∧は論理和AND、∨は論理積OR、￣は否定を意味する）で表す

論理式1）$\overline{(A=B)} \lor \overline{(A=C)}$

㈪「部分否定の論理和は、全体否定で論理積になる」ので、
全体否定に変換してみる

論理式2）$\overline{(A=B) \land (A=C)}$

を使わせて頂きました。「論理式2)」は「AがBかつAがC」つまり「Aが1000であると同時に2000でもある」の否定です。「Aが1000であると同時に2000でもある」ことはあり得ないので、この「論理式2)」は常に真です。条件文が常に真ですから、すべてのレコードがマスターから削除されてしまいます。

このように自然言語では分かったような否定文でも、論理としては間違っていることがありますので注意しましょう。

最後にもう一つ例文を挙げます。

「いい加減なテストではバグはなくならない」。

これも否定文ですから、別の表現に換えることができます。

「厳密なテストをやればバグはなくなる」。

ただし、少し注意が必要です。第3章で「文の形が変われば意味も異なる」と説明しました（「品詞の並べ方」参照）。この二つの文は形が違うので、意味も異なるはずです。

まず「いい加減なテスト」の逆は「厳密なテスト」になります。この前提条件を入れ替えることで、「バグはなくならない」から「バグはなくなる」と替えることができました。これで、論理は同じ二つの文章ができたのですが、二つの文が表現しようとしている状況が異なるのです。

「いい加減なテストではバグはなくならない」。これは、あるソフトウエア開発の現場でずさんなテストが行われており、それを指摘している文です。一方「厳密なテストをやればバグはなくなる」という文は、これからテストの局面に入る上で、テストの方針を示しているものと考えられます。

このように、文は論理を説明する一方で、文が説明する状況をも表しているのです。これは論理の世界ではなく意味の世界です。

二重否定

「二重否定」は、否定をさらに否定する表現です（表5-2）。二重否定は柔らかく肯定する意図で使われます。人間関係を大切にする日本文化には重宝な表現方法ですが、意味をあいまいにしているので、ソフトウエア文章ではよほどのことがない限り用いるべきではありません。

一般的な否定文と同様に、二重否定には二つの側面があります。一つは論理の側面であり、もう一つには書き手がなぜ肯定形ではなく二重否定という形式を選択するのか、という側面です。まず論理の側面から検討します。

「人間である」の否定は「人間ではない」となります。二重否定では「人間ではなくないもの」とでもなりましょうか。命題論理の式で表すと図5-5のようになります。

論理の世界では、否定の否定は肯定です。ではなぜ肯定形ではなくあえて二重否定という形式を使いたくなるのか、何らかの必然性を感じ取らなければなりません。次の文を比較してみましょう。

Ａ：「例外がないわけではない」

Ｂ：「例外がある」

Ａの文は二重否定で、Ｂの文は肯定文です。論理の世界ではＡもＢも同じですが、「文の形が変われば意味も異なる」という法則から二つの文章の違いを考えると、Aは、肯定に控えめな判断を与えている文章だと言えるでしょう。

二重否定の形式は、書き手の特定の意図を付け加える働きをするものです。肯定の意味合いを減衰する意味で使われるだけでなく、何かを強く肯定したいような場合にも、二重否定は使われます。以下の二重否定表現から、そこ

表5-2●日本語の二重否定形式

二重否定表現の例	肯定文
知らないわけが（は）　ない	知っているにちがいない
知らないはずが（は）　ない	知っているはずだ
食べないわけには（も）　いかない	食べなければならない
食べないわけでは（も）　ない	食べるつもりである

図5-5●「人間である」、「人間ではない」、「人間ではなくないもの」の論理式

人間である＝A

人間ではない＝$\underline{A}$

（人間ではない）ではない＝$\underline{\underline{A}}$＝A

に含まれる意味を感じ取ってみましょう。

□ 可能性がなくはない。 → 可能性はあるが少ない。

□ 可能性がなくもない。 → 可能性がややある。

□ できないと言うことはない。 → 客観的にできる可能性を示す。

□ できないと言うこともない。 → 主観的にできる自信を表す。

□ 時間がないこともない。 → 空いている時間が少しある。

□ 時間がないことはない。 → 時間を作ろうとすれば作れる。

□ 来ない人は誰もいなかった。 → 「全員が来た」よりも強い肯定

□ こんなに簡単なプログラムが組めないことはない。

→ 「簡単なプログラムだから組める」よりも強い肯定

もちろん、ソフトウエア文章の書き手としては、このような微妙なニュアンスが伝わる前提で、二重否定を使ってはいけません。二重否定は伝わりにくく、分かりにくい表現だ、と意識してソフトウエア文章を書き、推敲してください。

部分否定

前々項「否定文」で、「否定の範囲」があいまいなために誤解が生じる例と、論理の世界では全体否定と部分否定を置き換えられる、という話を紹介しました。ここでは改めて、全体否定と部分否定の例文を通じて、「否定の範囲」と「否定の焦点」を感じ取ってみましょう。否定文をできるだけ使わずにソフトウエア文章を書く上で、重要な訓練になります。

【例1】

全体否定：「条件はすべて満足しなかった」

部分否定：「すべての条件が満足したわけではなかった」

【例2】

全体否定：「1年間障害が発生しなかった」

部分否定：「1年間は障害が発生しなかった」

この例のように、否定が数量・頻度や程度の表現とともに使われると、その解釈が問題になります。特にソフトウエア文章では、部分否定であるべき内容を、全体否定で書いて誤解を生じている例が数多くあります。上記の例を参考に、両者の違いを整理してみましょう。

【例1】の全体否定の文章は、「条件は＋すべて＋満足しなかった」と考えることができます。「ない」は「満足する」だけに係ります。「満足する」の主題が「条件」です。つまり、「すべての条件」が満足しなかったと言うことを意味しています。

これに対して部分否定の文章は、「すべての条件が＋満足した＋わけではなかった」すなわち「（すべての条件＋ない）満足する」と考えることができます。条件のうちのいくつかが不満足で、それ以外は満足だったのです。「否定の焦点」が述語「満足する」ではないことを示すために「が」を使っています。文章全体の意味としては「満足しなかった条件が存在した」ことを述べようとしています。

【例2】の文章も、全体否定は「1年間＋（障害が発生＋しなかった）」、つまり障害が発生しない状態が、1年間続いたと言っています。それに対して部分否定の文章では、「（1年間＋ない）障害が発生する」であり、否定「ない」の焦点が「1年間」にあります。数年にわたる稼働期間の中で、1年間という部分は障害が発生しなかったが、それ以降は分からないという部分否定です。では、次の文を読んでください。

【例3】プログラミング言語にはJava、C++、Cなどがあります。これらのすべてがオブジェクト指向言語ではありません。

例示した三つの言語のうち、Cはオブジェクト指向言語ではありません。書いた本人はそのことを理解し、部分否定のつもりでこの文章を書いたのでしょう。「すべてが…ではありません」と「が」を使うことで、その意味が伝わると考えたかもしれません。しかし、読み手がそれに鈍感であれば、全体否定の意味で読める文章になってしまいました。

誤解を避けるには、「プログラミング言語にはJava、C++、Cなどがありますが、これらのいくつかはオブジェクト指向言語ではありません」、あるいは「プログラミング言語にはJava、C++、Cなどがあり、JavaとC++はオブジェクト指向言語ですが、Cは違います」と明確に書くべきでした。

このような間違いは、書き手が技術的な内容をよく知っているときに、つい筆がすべってしまうウッカリが原因であることが多いようです。否定文にはくれぐれも注意し、できるだけ使わないようにしましょう。

形容詞と副詞

今節の冒頭で、ソフトウエア文章には形容詞と副詞もなるべく使わないことが望ましいと書きました。名詞を修飾する言葉が形容詞、動詞を修飾する言葉が副詞です。

【形容詞の例】

□ 大容量のハードディスク → 「大容量の」が形容詞
□ 美しい論理構造 → 「美しい」が形容詞
□ 何もない空間 → 「何もない」が形容詞

【副詞の例】

□ 高速で動く → 「高速で」が副詞
□ 厳密に確認する → 「厳密に」が副詞
□ ゆるやかに減衰する → 「ゆるやかに」が副詞

これらの例から分かるように、形容詞も副詞も基本には主観が含まれます。これに対してソフトウエア文章は「正確に伝える」ことが重要な役割です。ソフトウエア文章は主観に左右されにくいこと、客観性を保つことが必要なのです。形容詞・副詞もなるべく使わないことが望ましい、という理由はここにあります。

5-3 読みやすい文章

本章の冒頭で、分かりにくい文章を3段階に整理しました。本章の第1節では主に「第1段階：単語・用語の意味が分からない」について、第2節では「第2段階：単語・用語は分かるが、文章の意味が分からない」について解説してきました。

この「文章の意味が分からない」については、第2節で解説した否定文や主観的な形容詞、副詞の使用以外に、「読みやすさ」への配慮が必要になります。本節では、文章を読みやすくするための表現・用法を紹介します。

短文主義、一文一義でいこう

「長すぎる文章」はたいてい、読みにくい文章です。長すぎる文章は、読み手に集中力と記憶力、そして頭の中での文の再構成という努力を強いるのです。読み手によってはそれができず、文章の意味が分らない、ということになります。例文を挙げて説明しましょう。

スケジュールの打ち合わせを今日、本社会議室ですることになっていますが、夕方本社の1階で夜の6時に待ち合わせしているのを皆さんご承知でしょうか。

このようなダラダラとした文章を書いてしまう原因は、文章にする内容が頭の中で整理されていないからです。次のように直せば分かりやすくなります。

本日、スケジュールの打ち合わせを行います。場所は本社会議室です。待ち合わせは本社1階に6時です。皆さんご承知でしょうか。

もう1例を挙げます。

天才プログラマと呼ばれる人たちは、プログラミングの生産性も高く優れた論理構造をもったプログラムを書くが、それを誰かに分からせるような気はなくて、ドキュメント類もほとんど書かず、後で保守を担当するものの苦労も理解しようとはしない。

この文章も一文が長すぎます。比較的分かりやすい文章ですが、さらに分かりやすくすることができます。

天才プログラマーと呼ばれる人たちがいる。彼らはプログラミングの生産性も高く優れた論理構造をもったプログラムを書く。しかしそれを誰かに分からせるような気はない。そのためドキュメント類もほとんど書かず、後で保守を担当するものの苦労も理解しようとはしない。

文章は話すように書け、と言われることがあります。しかし話し言葉と書き言葉は異なります。前の例文もそうですが、話すように書くと、格助詞「が」を多用してダラダラとした文章になってしまいます。

不眠不休の作業が多発した今回のシステム開発もようやく無事に稼働を開始し、参加していたメンバーも元気をとりもどして残務作業にあたる一方、次期開発のための積み残し案件を整理する人もあり、また遅れていた他のシステムもようやく今日から稼働を開始したが、データの交換には多少の障害を残している。

この文章は書き手の頭が整理できていません。また文章技術の訓練をうけていないのでしょうか、多くのことを一文に詰め込もうとしている形跡があります。次のように直せます。

今回のシステム開発は不眠不休の作業が多発したが、ようやく無事に稼働を開始した。参加していたメンバーも、元気をとりもどして残務作業にあたっている。その一方で、次期開発のための積み残し案件を整理する人もいる。また遅れていた他のシステムも、ようやく今日から稼働を開始した。しかし、データの交換には多少の障害を残している。

この修正例では一文一義とし、接続詞を活用していることに注意してください。

冗長、回りくどい、あいまい、抽象的を排除しよう

「長すぎる文章」はたいていの場合、言葉遣いが冗長だったり、あいまい、回りくどい表現を使っているために、長くなっているものです。

営業支援サポートをするために顧客の情報をデータベースで共有することで営業担当者が必要に応じて参照できるようにする。

この文章では、同じ意味の言葉である「支援」と「サポート」が重複しています。よく考えれば「データベースで共有する」と「必要に応じて参照できるようにする」も、意味の上で重複しています。

結論がはっきりしない文章、はっきり言い切れるところを、回りくどく言ってしまう文章もよく見られます。わざわざ分かりにくくしているとしか思えません。

Aの業務とBの業務とは重複していますので、どちらか一方に集約したほうがよいのかもしれませんが、二重にやったほうが精度が上がる部分もありますので、これで続けてもよいと思います。

この文章では、本当はAかBかどちらかにすべきだが、このままでもよいと言う玉虫色の表現になっています。あえて摩擦を起こしたくないという弱腰の表れに思えます。政治家や官僚の作文ならいざしらず、ソフトウエア文章ではこういう「分かりにくい」文章は避けるべきです。

ただし、一文が短ければ短いほどいい、とは言えません。説明が不十分になったり、肝心の情報を省略しすぎて、意図が伝わらなかったり、誤解されてしまう恐れもあります。短い文章は、あいまい、抽象的な表現に頼りすぎて意味が伝わらないケースがあります。

プロジェクト管理の仕組みを作ることが、御社には必要です。

言葉だけはすんなりと流れていても、プロジェクトとは何かがあいまい、管理という言葉もあいまい、仕組みと言う言葉は抽象的で実体が伴っていないなど、この文章は具体性に乏しいものになっています。伝えたいことはすべてきちんと書くことが必要です。その上で、文章自体はできるだけ短くするよう努力してください。

文章の統一感を意識しよう

文章の中に、である調、ですます調、体言止めが混在すると、統一感のない印象を与えます。

【例1】コンピュータのハードウエアは随分安くなりましたが、ソフトウエアがまだ高いので、一般家庭には普及していないのが現実である。

この文章は前半が「ですます調」なのに、文末が「である調」になっています。

【例2】セキュリティ上の脅威には以下のものがあります

① ウイルスやワームの蔓延

② 悪意あるハッカー（クラッカー）の侵入とファイルの改竄

③ ディスクの故障でデータがなくなる

④ パソコンを電車に置き忘れる

これは①と②は体言止めの文なのに、③と④はそうなっていないので読み手に違和感を与えます。

【例3】情報システムの開発と運用はどちらも重要です。開発にはシステムの仕様を決める設計とプログラミングのような製造とテストが含まれます。運用では大事なことはユーザーのサポートです。そのためにヘルプデスクが重要な役割をします。

この例は、構造上は並列になっている文章が、内容を読むと並列になっていないので、読み手に違和感を与えます。2文目で「開発」についてはその意味を説明しているのに、3文目以後で「運用」については「その実現において重要なこと」を説明してしまいました。

もう一つ、同じレベルの表現が並ぶべきところに違うレベルの表現が来ると、文章の統一感が損なわれて、読み手に違和感を与えます。

【例4】現状の業務分析の結果、抽出された問題点は以下の三つです。

① 売上高の集計に2週間かかっている

② 契約書の作成に3日かかっている

③ 国際電話の料金が昨年の2倍になっている

①と②が問題点として「現状の業務での作業時間の長さ」に注目しているのに対して、③は「昨年よりコストが増加した要因」という、全く別の視点の問題点を記述しています。

箇条書きでいこう

前項の例文にも登場していますが、箇条書きは、一つの主題に含まれる項目を複数の文で表す手法です。各項目を並べる表現方法により、主題の内容と構造を視覚的に表現することができます。

箇条書きには、行に順序・順位をつけたものと、順位がないものがあります。順序・順位をつけた場合には、そこに何らかの意味が含まれることになります。例えば重要なものから順に並べるとか、あるいはその逆とかがあり、それは文章の中で説明すべきことです。項目の間に順序・順位関係がないのであれば、順位がない羅列形式の箇条書きを使います。

箇条書きを使う場合に従うべきルールを以下に示します。これ自体も「羅列形式の箇条書き」です。

- 一つの主題に含まれる項目だけを箇条書きにする
- 箇条書きの文には句点「。」をつけない
- 文ごとに改行する
- 常に常体（である体）を用いる
- 手順を書く場合には順序立てて書く

箇条書きは、段落構成の一つの要素として使うならば有効です。しかし、箇条書きに頼りすぎてはいけません。箇条書き主体の記述にすると、項あるいは節の「主題」が不明確になってしまうのです。「箇条書きで書くと分かりやすい」という思い込みは危険です。

視覚化しよう

視覚化とは、伝えたい内容をイラストや写真で説明するものです。私たちは、仕組みや構造を説明する文章を読んでいるときに、文中の単語を拾いな

がら、頭の中で図を描いています。頭の中で描ききれないほど複雑な文章になると、紙の上に図を描き始めます。文の内容を最初から図にして提示すれば、読み手に伝えたい内容を直接示せるのです。

今回開発する基幹部分のソフトウエア構成は次の通りとする。OSはLINUXとし、ディストリビュータはDebianを採用する。インターネットとの通信はTCP/IPとUDPを用いる。HTTPプロトコルとの通信を受け持つWebサーバーはApache2.0を用いる。開発するサーバーサイドJavaはServlet仕様とし、EJBを利用する。ServletコンテナはTOMCAT5.0を用いる。

RDBMSはPostgreSQL 8.0を採用し、Servletとのやり取りにはJDBCを用いる。

これを図示してみます（図5-6）。

図やイラストは文章を書くのに比べて、手間と時間がかかります。しかし、分かりやすさの観点からは図のほうが優れているといえるでしょう。

一般にイラストと呼ばれているものは、正式には「テクニカル・イラスト」と言います。テクニカル・イラストは工業製品の普及とともにマニュアルに活用され、ユーザーの理解度を高めることに貢献しました。テクニカル・イラストは専門のイラストレータに依頼して作成しますが、無料で利用できるものもインターネット上で多数提供されています。

図5-6●説明文を図で示す

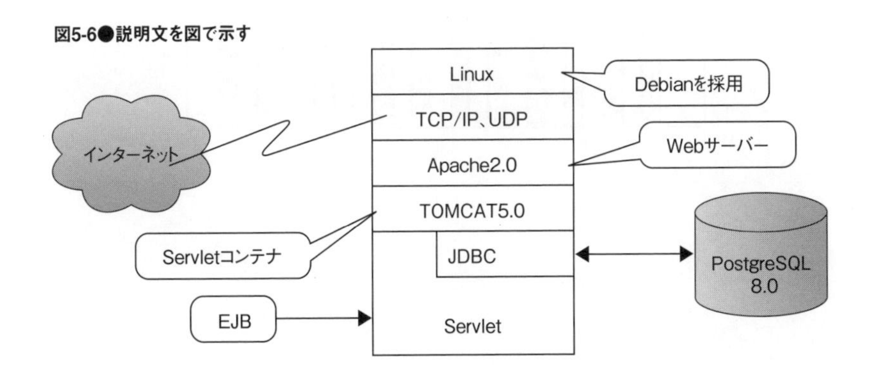

大いに利用しましょう。

伝えたい内容に親近感を持ってもらうためにはイメージ・イラストが有効です。次の例を見てください。

統計データなどを分析し結果を説明する場合、数値で示す方法とグラフで示す方法があります。グラフにも目的によって多くの種類があり、ワープロやスプレッド・シートなどにも簡単にグラフを作る機能が搭載されています。ここでは簡単にグラフの種類と用途を説明します。

① 棒グラフ：比較や格差を表すのに用います。

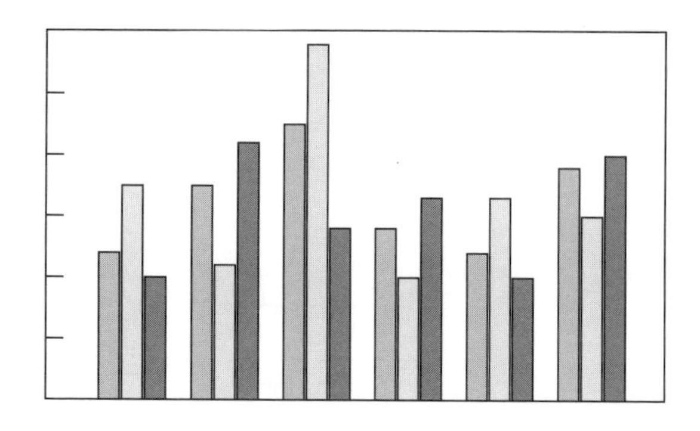

② 円グラフ：構成要素の内訳を示すのに用います。

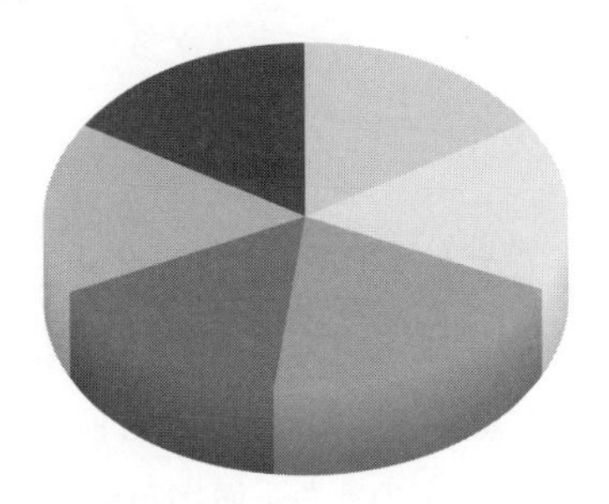

③ 線グラフ：変化や推移・傾向を表すときに用います。

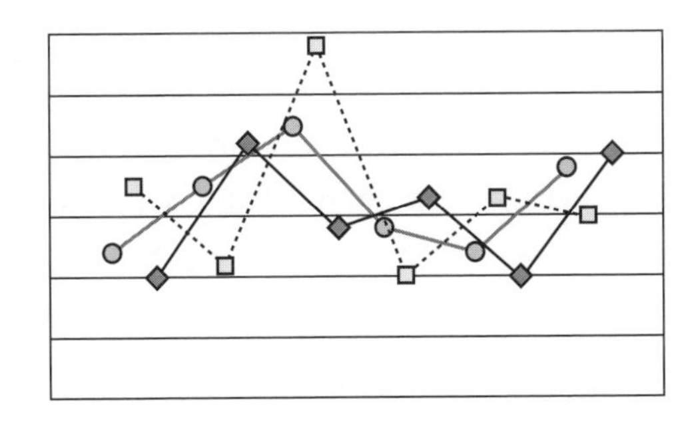

④ レーダーチャート：複数の特性に関するばらつきやバランスを見る場合に用います。

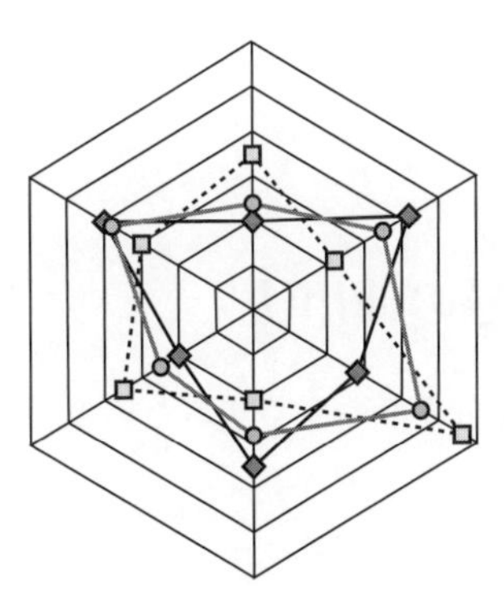

漢字とかなの比率は3対7が目安

漢字の多い文章は読みにくいものです。文章全体に占める漢字の比率が50%を超えると読みにくくなると言われています。次の文章を読んでみてください。

今後の技術的課題として考慮すべき点は、急激な進歩を遂げる情報技術の世界において、既存の構成が耐え得る限界を認識して置く必要がある事、更に新技術に後進した場合、如何に迅速な回復を試るかである。

句読点を含めて全部で95文字のうち、漢字が51個あります。では、この文章の漢字を少なくしてみます。

今後の技術的課題として考慮すべき点は、急激な進歩をとげる情報技術の世界において、既存の構成が耐えうる限界を認識しておく必要があること、さらに新技術に後進した場合、いかに迅速な回復を試るかである。

全体で97文字、漢字は43個です。もう少し工夫をしてみます。

これからの技術的課題として考えておくべきことは、進歩のはげしい情報技術の世界において、これまでの構成が耐えることのできる限界を知っておく必要があること、さらに新技術に遅れをとった場合、いかにすみやかに回復をはかるかである。

文字数は111に増え、漢字は30個で、30%以下になりました。読みやすさは格段に向上したと思いませんか。このことから漢字は少なくし、かなとの割合は3対7を目安とするのがよいでしょう[注2]。つまり「漢字1文字に、かな2文字」の割合です。

5-4 記号と符号の使用法

本章の最後は、文章を分かりやすくするための記号と符号について、一覧表にまとめました。

記号・符号	用法の原則	用例
。(句点) (最近は全角英字用のピリオドを使う傾向がある)	(1)文章の終わりに付ける。括弧の中で文章が使われている場合にも適用する	‥‥とする(BはAである。)。
	(2)並列の項目で、"‥‥すること"、"‥‥とき"、"‥‥場合"などで文末が終わるときにも用いる	
	【使用すべきでない場合】表題、題名、その他簡単な語句を掲げる場合や、事物の名称を並立する場合などには「。」は使わない	
、(読点) (最近は全角英字用のコマンドを使う傾向がある)	(1)主語、主題を示す"‥‥は"、"‥‥も"の後につける	
	(2)条件や制限を表す語句の後につける	‥場合、‥するとき、‥する限り、
	(3)文の始めの副詞句の後につける	特に、殊に、更に、既に、例えば、なお、また、しかし、ただし、したがって、
	(4)二つ以上の名詞または語句の並列のとき、それらの区切りに用いる	邦文(対応する英文表記) A、B、Cなど(A, B, C etc.) A、B及びC(A, B and C) A、BまたはC(A, B or C)
	(5)誤解を生じる恐れがある場合に用いる。語句の切れ目、意味の切れ目、自然の息継ぎで間を取る場合、など	ひのの、ののみや。ひののの、のみや。
・(中点)	(1)名詞の並列で、読点(コンマ)で区切るよりも集合の意味合いの強い場合につける。このとき"など"、"及び"、"又は"をつけない 注)集合がさらに集まるときには、括弧を適当に使うと良い 注)並列の項目に共通する語句があるときは、その語句を省かないこと	材料・寸法・質量、上側・下側 (上側・下側)、(前面・側面・背面)及び正面 電気・蒸気機関車 → 電気機関車・蒸気機関車、上・下許容差 → 上許容差・下許容差
	(3)読点(コンマ)で区切ったのでは文章が読みにくい場合につける	板の上側、下側から → 板の上側・下側から
	(4)題名・見出し・表などの中、名詞の連結などの場合で、体裁をよくしたいときにつける	
	【使用すべきでない場合】掛け算の記号には、代用品である中点記号(・)、星印(*)、英字のエックス(Xまたはx)は使わず、掛け算記号(×)を使うこと	
:(コロン)	(1)例を示すときに、"例"または"例3"などの文字の後につける	
	(2)用語、記号を説明するとき、その用語、記号の後につける	
	(3)時刻の表示コード(JIS X 0302)で使う	
" " (引用符号)	語句を引用する場合、または文字・記号・用語などを特に明らかにする必要がある場合に用いる	
～ (連続符号) ～ (連続符号)	一般には"‥‥から‥‥まで"の意味を符号で与えるときに用いる 注)単位を数値の後に示す必要があるときは、右にくる数字の後にだけつける 注)文字や記号、符号などが頭につく場合、変化する可能性のある記号は繰り返すのが良い 注)数で表す範囲の意味は、前後の数値も含む	呼び径4～10mmの場合には‥‥ JIS Z 8310～Z 8318 「14～20」は14も20も含む

記号・符号	用法の原則	用例
— (ダッシュ)	(1)主題と副題、書名と副書名などの区切りに用いる	
	(2)連続符号“～”とは異なり、所属の意味などで用いる	JIS Z 8120—1978(8120の1978年版、の意)
	注)漢字コードでは、かな文字の長音記号や、数学のマイナス記号とは異なることに注意する。英文では通常、ハイフン二つでダッシュの代用にする	
‥または… (省略符号)	二点記号(二点リーダー)を2文字分並べるのが普通。漢字コードには、二点リーダーと三点リーダーが定められている	
々(繰り返し符号)	原則として“々”を、同じ漢字を繰り返す語にだけ用いる 注)かな文字の繰り返し記号(“ヽ”、“ヾ”、“ゝ”、“ゞ”、“〃”など)は使わない	我々(現在では“われわれ”のような仮名書きが多くなった)
(空白)	日本語の文章の中で空白を置くのは、?と!の後である	
( ) (丸括弧)	(1)一般には、丸括弧を用いる	
[ ] (角括弧)	(2)括弧が多重になるときの使い方は、内側から、丸括弧、角括弧、波括弧の順とする	
{ } (波括弧)	(3)かぎ括弧「　」、英字の符号<>などは用いない	
	(4)括弧は必ず一対で使い、閉じていなければならない	
	(5)波括弧は、単位系の異なる数値を併記するときに限って用いることができる(JIS Z 8301)	80kPa {600mmHg}, 490N.m {50kgf.m}
	(6)大きな寸法の角括弧、波括弧は、複数の行にまたがる項目をまとめる目的に使える。この場合、片括弧でも良い	
	【使用しないほうがよい場合】項目見出しなどでの1)、2)、a)のような片括弧。コロン“:”などで代用する	
英数字	(1)日本語文章の中に英字・数字・記号が交じる場合の記号などの使い方は、英文の習慣に従う	
	(2)ワープロで作成する文書の本文中の英字・数字・記号には、なるべく半角を用いる	
	(3)二次元、2次元、2次元など数字の入る用語の場合、用語(固有名詞)の意味が強ければ漢数字にする。数の意味が強く、漢字部分が単位としての意義が強いときは半角ローマ数字を使う	

注1) 国立国語研究所、『日本語ブックレット2002　改訂版』、平成17年3月改訂。http://www.kokken.go.jp/katsudo/kanko/nihongo_bt/nihongo-bt.pdfで公開されている。具体的な「『外来語』言い換え提案」の内容は、同研究所「外来語」委員会のホームページ(http://www.kokken.go.jp/public/gairaigo/index.html)を参照。本文中の「ガバナンス」は第3回(2004年10月)の提案に含まれている

注2) 辰濃和男、『文章の書き方』、岩波書店、1994年

6章

文章の品質と開発生産性の関係

6-1 開発生産性とは何か

生産性とは

生産性について極めて単純に定義するなら、生産性とは入力で出力を割ったもの。すなわち、

生産性＝出力／入力

となります。生産性という言葉は「生産」＋「性」ですから、何かを生み出す効率あるいは価値と言い換えても良いでしょう。従って生産性が高いと言うことは少ない資源入力でより多い出力を得ることになります。生産性が低いとはその逆です。

生産性を高めるためには同じ入力でより多くの出力を得るか、あるいは同じ出力を少ない入力で生産する、または両方を追求する必要があります。生産性を左右する要素としては、労力と時間とその生産方法の難易度があります。

生産性に関する労力については、これを機械化などで自動化できれば必要な労力が少なくなり生産性が向上します。また時間についてはこれを少なくすれば生産に関わるコストを削減でき生産性が向上します。さらに、難易度についてはこれが低くなれば特定のスキルに依存することが少なくなりますので、いわゆる誰にでもできる状態に近づき生産性に好影響を与えます。

開発生産性とは何か

生産性を開発という言葉で修飾した物が開発生産性です。開発ですから製品開発であったり研究開発あるいはソフトウエア開発などが該当します。通常、開発生産性と言えば今の時代ではソフトウエア開発の生産性を指すのがほとんどでしょう。

ソフトウエア開発生産性はコンピュータ・ハードウエアの生産性と比較して改善されにくいと言われます。その理由はハードウエアの生産には人間が

携わる機会が少なくなっており、それに対して、ソフトウエアの場合はそのほとんどを人間が生産しているために効率が改善されにくいのです。

繰り返しになりますがソフトウエアの生産性とは“成果物の量”を成果物の製造または開発に費やした“延べ作業時間”で割った値になります。

生産性＝成果物の量／延べ作業時間

延べ作業時間については人間が直接かかわった時間だけを勘定すれば事足ります。ソフトウエア開発はその費用のほとんどが人件費です。従って延べ作業時間だけでも誤差は少ないのですが多額の設備投資を必要とする場合は設備の経費も考慮しなければなりません。

一方でソフトウエア成果物の量についてはその計測が難しいのです。成果物の量をプログラムのライン数で計ればコメント行を増やせば成果物が増えますし、下手なプログラミンをすればこれも成果物が増加します。

それでは機能数で成果物量を計れば良いではないかと思いつくものの、機能の定義が難しく標準化しにくいために普遍的な成果物量とはしがたいのです。

ソフトウエア開発生産性について

改めてソフトウエア開発生産性について考えてみます。これまでの話を整理すると生産性は出力を入力で割れば算出できます。ソフトウエア開発の場合は入力は比較的簡単に算出できるものの、出力を算出することが難しいのです。つまり、ソフトウエア開発の生産性は計測できないと言い切っても良い状況です。

ソフトウエア開発の成果物量をプログラムライン数で計測する場合を再度考えてみましょう。プログラムライン数が100万ステップと10万ステップでは100万ステップの方が規模が大きいわけです。

例えばIT会社であるA社は12カ月かけて100万ステップ生産したとしま

しょう。ところが、B社は10万ステップで同じシステムを12カ月で構築したとすればB社の方が高生産性を達成したと言えます。

機能で成果物の生産性を計る方法を考えてみましょう。ファンクション・ポイント（FP）法がこれに相当します。

A社が100FPを1年かけて開発し、B社が80FPを1年かけて開発したとしたら、必ずしもA社の方が高生産性を実現したとは言えないのです。例えば顧客がA社の開発したシステムを60FPしか使わず、一方でB社の開発したシステムを70FP使ったとしたらB社の開発生産性の方が高くなるのです。

さらにもう一つの視点があります。それはビジネス価値の視点です。ビジネス価値とは簡単に言うといくら儲けたかということです。

顧客がA社のシステムを100FP使って100億円儲けたとします。一方でB社のシステムを50FP使って200億円儲けたとしたらB社の方が高生産性を出したと言えます。

このように本来ソフトウエア成果物の価値は、そのソフトウエアを使って得ることのできたビジネス価値で計るべきなのです。理想はそうであっても実際にはそのような方法は未だ確立されていません。

6-2 品質とは何か

一般論としての品質

日本語には「しながら」という言葉があります。品物（しなもの）の性質についてその良否を言う言葉です。品質とはこの「しながら」を指す言葉と考えて良いでしょう。一方で品質に関する別の定義があります。ISO9000：2005による定義です。

＜3.1.1品質（quality）＞

品質とは、「本来備わっている特性（3.5.1）の集まりが要求事項（3.1.2）をみたす程度」である。

＜3.5.1 特性（characteristic）＞
特性とは「そのものを識別するための性質」である。

＜3.1.2要求事項（Requirement）＞
要求事項とは、「明示されている通常暗黙のうちに了解されている、または義務として要求されているニーズまたは期待」である。

さらにJIS Z 8101:1981（品質管理用語）には、次のように定義しています。

「品質」とは、「品物またはサービスが使用目的を満たしているかどうかを決定するための評価の対象となる固有の性質・性能の全体」

こちらの定義の方が分かりやすいですね。つまり、品質とは品物やサービスに関する顧客からの要求事項やニーズに合っているかを決める特性だと言っているのです。

品質には、製品やサービスからみると次のような種類があります。

品質の種類

企画の品質：
顧客（消費者）のニーズを反映した製品であるかどうかです。

設計における品質：
企画の品質とよく似ていますが、どんな製品を市場に出したいかです。その製品の設計するために、「製品規格」や「品質規格」を決めます。

購買品・購入品の品質：

製品を作るための、原材料や部品などの購買品の「品質」があります。購買品の仕様や条件などです。

製造工程における品質：
製品は製造工程での品質を満足することによりより製品を作ることができます。「製造条件」、「不良項目」、「不良率」などです。

検査における品質：
検査工程で使用する品質、「検査項目」、「管理基準」などです。

使用品質：
顧客がその商品を使用するときの品質です。「機能」や「仕様」です。

サービスの品質：
サービスの品質です。コールセンターの対応やアフターサービスなどです。

ソフトウエアに関する品質

ソフトウエアの「ライフサイクル」の視点から、次の図（JIS X 0129-1 から引用）を用いて説明します。

図6-1●ソフトウエアのライフサイクル

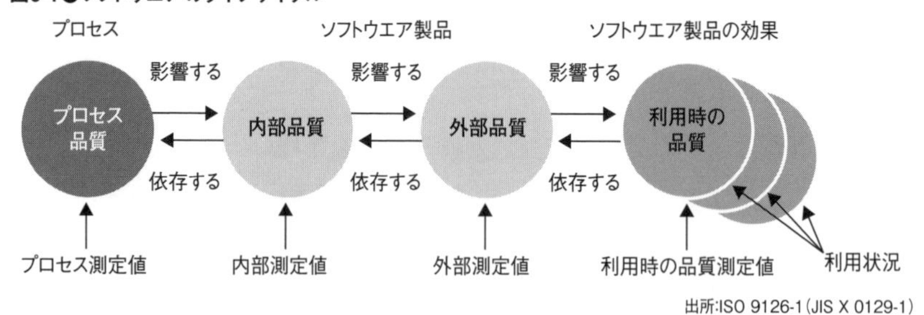

出所:ISO 9126-1（JIS X 0129-1）

利用者はソフトウエアの品質に影響を直接に受けます。これが「利用時の品質」と呼ばれるものです。言い方を変えれば、利用者の必要性に合致するかどうかです。しかし、利用者の必要性は状況によって変化するでしょう。Webアプリケーションを利用していて回線が開いているときにはサーバーからの反応が満足できるものであっても、回線が混んでいるときにはイライラさせられるのであれば品質は低下することになります。

「利用時の品質」に直接影響を与えるものが「外部品質」です。これはソフトウエアが実行されるときの品質を指しています。これはほとんどの人が「品質」として認識しています。

さらに「外部品質」に直接影響するものが「内部品質」です。ソフトウエアの内部的な特徴のことです。具体的には仕様書やソースコードなどが測定対象になります。

「内部品質」に直接影響するものが「プロセス品質」です。プロセスとは設計や開発の手順を言います。この手順の品質が結果的にすべての品質に影

図6-2●外部品質と内部品質

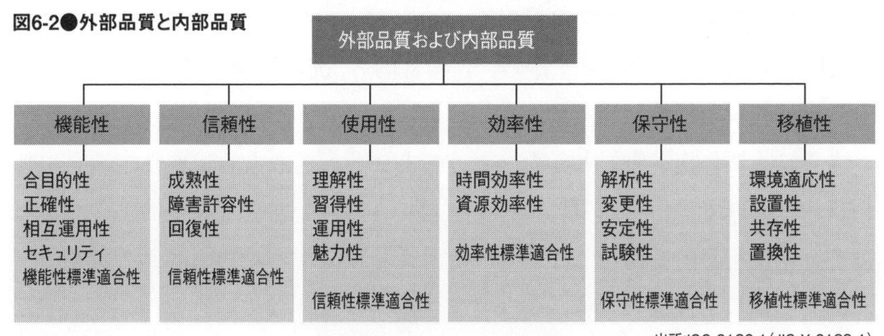

出所:ISO 9126-1(JIS X 0129-1)

図6-3●利用時の品質

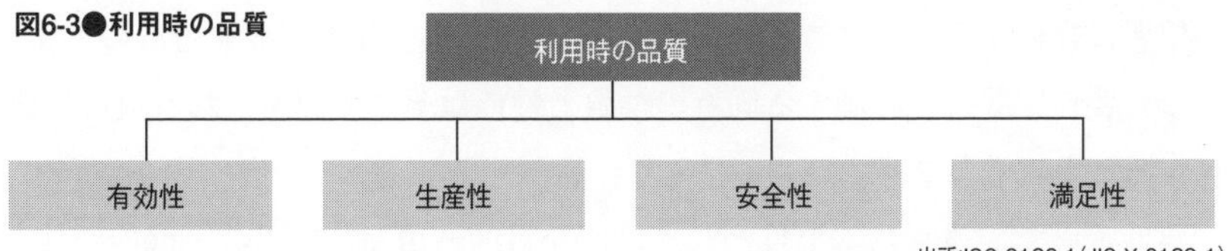

出所:ISO 9126-1(JIS X 0129-1)

響を及ぼすことになります。

ISO 9126-1 ではソフトウエアの品質を分類して理解するために、先に説明した「外部品質」と「内部品質」を6種の特性に分類しています。詳細はISO 9126-1を調べてください。

6-3 文章の品質とは

これまで品質についてその定義と特性を説明してきました。これらを文章という成果物に当てはめたらどうなるのでしょう。JISの定義によれば「品質とは品物またはサービスが使用目的を満たしているかどうかを決定するための評価の対象となる固有の性質・性能の全体」としていますから、文章に対する品質を云々するのであれば、その文章に対する使用目的が分かっていなければなりません。

文章と言ってもその使用範囲はほぼ無限にあるわけですから、単に文章という概念を品質の対象にするわけにはいきません。

では文章をソフトウエア文章と変えたらどうでしょう。ソフトウエア文章は200種類以上あるわけですから、使用目的も200以上あることになります。これも定義する事は無理です。

さらに「要件定義書」としたらどうでしょう。それならば要件定義書の使用目的は明確ですから品質について言及できそうです。要件定義書の品質とはそれが使用目的を満たしているかどうかを決定するための評価の対象となる固有の性質・性能の全体、となります。

まず要件定義書の使用目的を考えましょう。要件定義書はそのシステムが利用者に提供するサービスと、その為に実装すべき機能を定義するものです。従って要件定義書を評価する固有の性質と性能はそこで記述される項目に依存することになります。

要件定義で記述される項目としては開発目的・用途・利用者・機能要件・

稼働環境・操作要件・使用条件・利用資源・性能要件などがあります。

これらが正確で分かりやすく記述されているかどうかが品質評価の視点になるでしょう。

6-4 開発生産性と文章品質

開発生産性と文章品質の定義が明らかになったので、次はこの二つの関連を考えてみましょう。もちろん文章品質が悪ければ開発生産性に悪影響を及ぼすのは自明の理ですので、そのようなことは考えません。そうではなく文章品質の何が開発生産性に影響するのかと言う視点です。

品質特性のことは説明しました。これをさらに詳しく見てみましょう。機能性品質特性に関わる品質副特性には以下のものがあります。

合目的性：これは指定された作業および利用者の具体的目標に対して適切な機能の集合を提供するソフトウエア製品の能力のことを指します。要件定義の場合はシステム利用者に対して利用者が期待する作業の効率化など生産性が向上する機能を定義しているかどうかです。

さらにもう一つ別の視点があります。システムは利用者の要求を満たすことが目的です。要件定義書はそれを実現するための手段になります。

加えて要件定義書は外部設計における入力として利用されるものです。従って要件定義書の利用者はシステム利用者と外部設計担当者との二つの利用者を持つことになります。この二つの利用者が期待する機能を充足すれば、合目的性有りと判断できます。このことを簡単に言えば次のようになるでしょう。

要件定義書が合目的的であれば機能品質の一つは担保される。このことは開発生産性に貢献する。逆に要件定義書が合目的的でなければ不要な機能が実装され、これを変更するのに余計な工数を要し生産性に悪影響を与える。

以下その他の品質副特性を紹介しますので、合目的性にならって開発生産性との関連を定義してください。

正確性：必要とされる精度で、正しい結果もしくは正しい効果、または同意できる結果もしくは同意できる効果をもたらす ソフトウエア製品の能力のこと。

相互運用性：一つ以上の指定されたシステムと相互作用するソフトウエア製品の能力のこと。

セキュリティ：許可されていない人、またはシステムが情報またはデータを読んだり、修正したりすることができないように、および許可された人、またはシステムが情報またはデータへのアクセスを拒否されないように、情報またはデータを保護するソフトウエア製品の能力のこと。

機能性標準適合性：機能性に関連する規格、規約または法律上および類似の法規上の規則を遵守するソフトウエア製品の能力のこと。

6-5 品質基準について

品質基準とはなんでしょうか。この言葉のままでは抽象的すぎて漠然としてしまいますね。分かりやすくするために具体的な例を考えてみましょう。例としてコールセンターの場合を考えます。

コールセンターを知らない人はいないでしょうが、念のために解説します。コールセンターは顧客への電話対応業務を専門に行う事業所や部門のことです。104番号案内や116総合受付などが身近な例です。一般消費者向けの通信販売・サービス業・製造業を行う企業が顧客からの苦情や各種問い合わせ、あるいは注文を受け付けるものもあります。

さてコールセンターの品質基準は何でしょう。コールセンターはサービスですから電話主が満足する基準を決めなければなりません。

逆にいうと、コールセンターに皆さんが電話をかけて何が不愉快な対応かということです。例えば、何回電話しても呼び出しに出ないとか出るのが遅い。或いは名前を何度も尋ねる。対応がぶっきらぼうであるなど。対応にお姉さんを期待していたのにおじさんがでた、というのは違いますね。

従ってこのように電話主が不愉快にならないような基準を設定すればよいのです。例えば電話が鳴ったら呼び鈴2回以内にでるとか、名前を3回以上尋ねない。その為に相手が名乗ったら直ぐにメモをとって復唱する、などが考えられます。

ではソフトウエア開発の場合はどのようなものが品質基準になるのでしょうか。これにはテスト密度や検出欠陥密度あるいは残存バグ数などがあります。いずれもテスト作業における品質基準です。

ソフトウエア文章に関する品質基準の一つに設計書レビューにおける誤記述指摘件数があります。ある一定の文章量に関して何パーセント誤記述を洗い出せたかで品質を計るものです。

さらに詳しく以下の三つに細分化する場合もあります。

指摘密度：レビューにおける詳細設計書1ページ当たりの指摘件数。誤字と脱字に関する指摘は含まない。

時間密度：詳細設計書1ページ当たりのレビュー実施時間。

不良密度：単体テスト、結合テストにおける不良のうち設計不良に起因する不良数。本来はレビューで摘出すべき不良が対象。機能量で 正規化するために対象プログラムのドキュメント頁数を用いて不良密度を算出する。

6-6 品質管理について

品質管理とは英語でQuality Control（QC）です。日本では1980年代多くの企業がTQC活動として実践しました。

ソフトウエアの品質管理に関しては情報処理推進機構（IPA）のソフトウエア・エンジニアリング・センター（SEC）が「製品・システムにおけるソフトウエアの信頼性・安全性等に関する品質説明力強化のための制度構築ガイドライン」（「ソフトウエア品質説明のための制度ガイドライン」）をWebサイトで公開しています。興味がある人はURLを示しておきますので参考にしてください。

http://www.ipa.go.jp/sec/reports/20130612.html

ソフトウエア開発に於ける品質管理はすでに人口に膾炙（かいしゃ）していますので細かくは述べません。ソフトウエアの品質管理についてソフトウエア文章との関連を述べます。

ソフトウエアの欠陥除去はテスト局面で行うのが基本ですが、それだけに頼っていると品質管理に関わるコストが非常に高くなります。欠陥の多くは上流工程が原因である事が多いのです。上流工程で欠陥発見が見逃されて下流工程にずれ込めば修正にかかる時間が肥大化します。

ここではっきり言えることは、ソフトウエア欠陥はできる限り上流工程で除去すべきだということです。要件定義における欠陥が及ぼす影響は次工程である外部設計には少ないのですが、システム・テストまで見逃されると何倍ものコストとなって跳ね返っています。

ソフトウエアの品質は設計書で作り込めということ。さらに上流工程であればあるほど、品質確保のためのレビューを厳しくせよと言うことです。

7章

文章レビューの方法

7-1 文章レビューの目的と着眼点

レビュー（Review）は日本語では、「批評」「評論」「再調査」などと訳されます。ソフトウエア開発では、「見直し」という言葉を使うこともあります。科学者の論文では、「査読」という意味で、研究者仲間や同分野の専門家による評価や検証のことです。

レビューの目的の一つは、ドキュメントや成果物の内容に誤りがないか検査することです。つまり、「レビュー＝品質保証」と考えてよいでしょう。

レビューを実施する形式は、作成者一人で行う自己レビューのほか、作成した本人以外の身近な同僚やチームメンバーなどの力を借りて行うピアレビュー（Peer Review）があります。ピアレビューには、作成者とレビュアの二人で行うペアレビュー、レビューを複数で行うチームレビューなどさまざまな形式があります。

レビューを行わなかった場合、例えば変数の名称がドキュメントによって違っているなど仕様間の不整合が実装フェーズで発見されるケースや、想定外の動作が詳細設計で見つかったなどの問題が起きます。問題を解消するために、多くの関係者の時間をとり手間をかけてしまい、結果として生産性や品質の低下を招いてしまいます。

ある企業では、ドキュメントレビューを怠ったために次のようなトラブルが起こりました。

システムの仕様書に、「ツールXが起動するのはシステムAとシステムBが特定の条件になるときである。」と記してありました。本当は、システムAもシステムBも両方とも一定の条件になったときにツールXが起動するという仕様でしたが、出来上がったのは、システムAは無条件にシステムXが起動し、システムBのほうだけ一定の条件になったときにツールXが起動するものでした。書いた本人は頭の中では理解していたのですが、このような文章になってしまったのです。

このケースのように、仕様書のバグに気づかず開発してしまった場合、コストも工数もかかって大変な思いをします。文章のバグの発見が後工程になればなるほど、気づいたときの修正はドキュメントも開発も計り知れない負担になります。

文章の検証作業は、作成した本人以外の人間が行った方が効果が高いとされます。作成した本人は、正しく書いたつもりですので、つい欠陥を見逃しがちなのです。

レビューにはさまざまな手法やタイミングがありますが、レビューの効果は、成果物の「品質」として現れます。

レビューをしても気づかない問題もあります。ある企業では、仕様書を基にユーザー向けの操作マニュアルを作成していました。人事向けシステムの社員登録の画面は、以下のようなデザインでした。

図7-1●社員登録画面

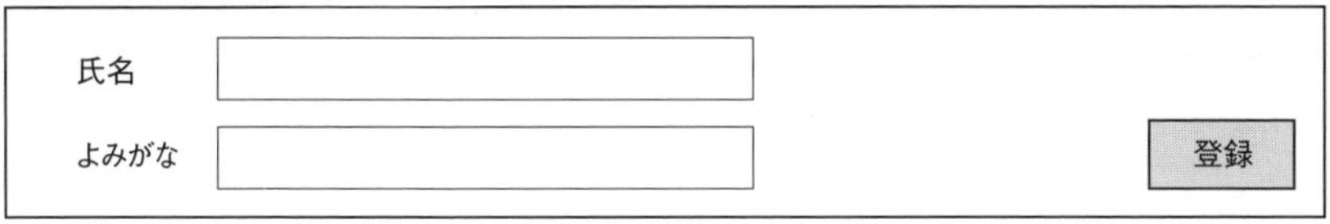

システムの仕様は、読み仮名を半角カタカナで入力していないと、登録ボタンをクリックしたときに入力チェックが行われエラーとなり、入力したデータはすべて消去されるので、再入力しなくてはならないというものでした。この開発をしている会社は、システムのヘルプデスクも担当していました。さて、あなたならどう思いますか？

一般的に、読み仮名を記載するときは、全角カタカナで「ヨミガナ」と書いてあれば、記入欄には全角カタカナで記入します。ひらがなで「よみがな」

と書いてあればひらがなで記入します。このシステムを利用するユーザーは、「よみがな」と書いてあるので、テキストボックスにひらがなで入力をします。最後までデータを入力して、登録ボタンを押すと、エラー表示となりまたデータを最初から入力し直さなくてはなりません。

開発担当者に「日本語入力システムの入力モードが半角カタカナになるようにしてほしい」と要望しましたが、「できない」という理由で却下されました。「できない」というのは、技術的にできないのではなく、おそらく開発の終盤にもかかわらずスケジュールが遅れていたので、いまから手直しできないという意味だったのでしょう。そこで、この登録画面の「よみがな」のラベルを「半角カタカナ」の「ﾖﾐｶﾞﾅ」に変更するよう依頼しました。

このシステムを利用するユーザーは、おそらく読み仮名を全角ひらがなで入力し、エラーとなります。その結果、ヘルプデスクに質問が殺到すると予想されます。そして、使いづらいシステムは、作業効率を下げ、利用する社員からは不平不満が上がってきます。

このフォームの設計をした技術者は、若くて実務を知らなかったのだと思われます。

レビューは文章の内容だけではなく、この例のような実務的な内容も考慮するべきです。技術文書の礎は、実務文章であるということがよく分かります。

文書レビューの着眼点

レビューの範囲は、納品物すべてですが、ここではソースコード以外の文章のレビュー（ドキュメントレビュー）について考えてみます。レビューは、そのプロジェクトが始まるきっかけとなった提案書や見積書から始まります。文書レビューの着眼点は、次のようなものがあります。

●論理的に書かれているか

・必要な情報が漏れなく記述されているか

・文章全体が構造化されているか

●情報が早く正しく伝わるか
・一つの文章の構成が構造化されているか
・表現が分かりやすく簡潔であるか

●品質が確保されているか
・用語は統一されているか、正しいか
・表記は統一されているか、正しいか
・変換ミスなど誤字・脱字がないか
・文末は統一しているか、文体は統一しているか

これらの着眼点をチェックするためには、文章に関する「ルール」を決めておくことが肝心です。プログラミングに「コーディング規約」があるように、日本語の書き方にも「ルール」を作り、このルールを守って成果物を作成します。

文章全体を構造化した「フォーマット」、使用する用語の意味と表記法をまとめた「ネーミングルール」、漢字・カナ・ひらがなの使い分けなどの「表記のルール」も用意します。

ユーザーが利用する操作マニュアルなどは「紙面デザイン」も忘れてはいけません。文章全体を構造化した「フォーマット」では、章節項などの骨組みのほか、可読性を意識して、利用するフォント、余白の量なども考慮します。

<着眼点>論理的に書かれているか

構造化したドキュメントを作成するときには、アウトラインソフトを利用すると便利です。ソフトウエアを開発するときに、例えば仕様書→設計書→製造という工程があるのと同じように、構造化した文章を作成するには、文章の仕様を決め、骨組みを作成してから文章の記載を行います。

階層構造の深さは、3階層までにします。たまに、4階層までの場合がありますが、階層が深くなるとすべての層を最終階層まで構造化できないこともあります。

図7-2●文章全体の構造化の例

目次

第1章
　第1節
　　第1項
第2章
　第2節
　　第2項

（以下続く）

1.	→	**はじめに**
1.1	→	本書の位置付け
1.2	→	要件定義の範囲
2.	→	**ビジネス要件**
2.1	→	背景
2.2	→	目的・目標
2.3	→	要件の分類

（以下続く）

＜着眼点＞一つの文章を構造化する

文章には次の3種類があります。

・単文　（例）鳥がさえずる。

・重文　（例）鳥がさえずり、犬は吠える。

・複文　（例）私は、田中さんからボブは帰国したと聞いたと思った。

単文は、主部と述部からなります。重文は、主部と述部からなる文章を、一つの文章に二つ以上含む文章です。複文は、主部と述部が入れ子になっている文章です。実用文章、技術文章では、複文は利用しません。特に、条件を記載する場合は複雑になってしまい、読み手の理解プロセスに負担をかけることにより、意味の取り違えが発生します。特に情報を正しく早く伝えるための機能を持つ技術文章では、単文で書く心がけをしましょう。

以下の文章は、複文となっているばかりか、文のねじれが起きているため、読み手は理解するのに時間がかかります。文章が長くなると文のねじれの原因になります。

（例文）

デストラクタに類似の機能に、ガベージコレクション機能を持つ言語において不要オブジェクトの解放前に自動的に実行されるメソッドであるファイナライザがあるが、デストラクタとは違って、オブジェクトが使われなくなってもファイナライザはすぐに実行されるとは限らない。

文の関係性を図に示すと、次のようになります。

図7-3●文の関係

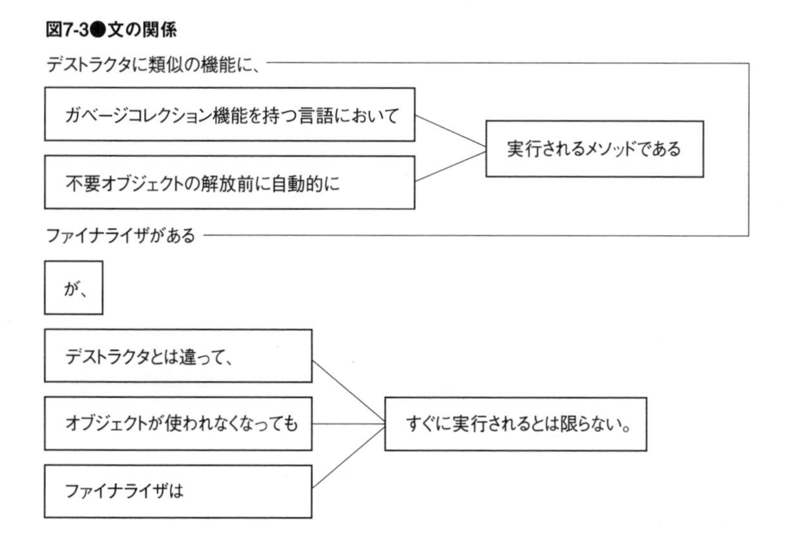

この例のように、助詞「が」を使い文章を長くすると分かりにくくなります。「が」は、逆説の「しかし」という意味と、文と文をくっつける糊の役割をします。逆説なのか糊の役目なのかは、読み手が文章を最後まで読まないと判断できません。助詞「が」「ので」などを利用せず、文章を簡潔にします。

例えば、次のように改善できます。

（例文）
デストラクタに類似の機能に、ファイナライザがある。
ファナライザはガベージコレクション機能を持つ言語のメソッドである。
ファイナライザについて二つの特徴を述べる。

・不要オブジェクトが解放される前に自動的に呼び出される。
・デストラクタと違って、オブジェクトが使われなくなってもすぐに実行
　されるとは限らない。

技術文章の基本は単文で書くように心がけますが、単文が続くと読み手が疲れてしまう場合があります。例えば、操作マニュアルです。

（例）スタートボタンをクリックします。すべてのプログラムをクリックします。

操作マニュアルでは、重文を活用します。重文を利用する場合は、1文章に含むのは、二つまでがよいでしょう。

（例）スタートボタンをクリックし、すべてのプログラムをクリックします。

一つの画面で沢山の操作をしなくてはならない場合は、設定項目を表や箇条書きにします。

＜着眼点＞余白が適切かどうか

余白は余ったから余白ではなく、最初から読みやすさを考慮して余白を設定します。一般に読みやすいとされている1行の文字数は40文字程度、1ページの行数も40行程度です。

<着眼点>表記のルール

外来語カタカナ用語末尾の長音記号は、プロジェクト単位、企業単位でローカルルールがある場合があります。例えば、プリンタとプリンター。JISでは、カタカナ表記にすると最後に長音が付き、3音以上であれば長音記号を省くことに決まっています。しかし、企業によっては「プリンター」と長音記号を付けるローカルルールで運用しているところもあります。企業にローカルルールがある場合は、そのルールに従います。

<着眼点>読点（、）の位置

読点（、）のない文章は黙読していてもしんどいものです。読点の使い方にはいくつかの基本がありますが、明確なルールはありません。読点はどうでもよいという人もいますが、実用文章や技術文章では、誤解を招かないように情報の意味を正しく伝え、文章を読みやすくするために、おろそかにできないのです。納品するドキュメントの品質としてルールを決めておきます。

読点には二つの役割があります。一つは、語句や意味のまとまりを示して、読みやすくする、もう一つは、意味を正しく伝えるためです。読点は次のようなルールで打つのがよいでしょう。

●列挙する場合
（例）今年のテーマは、省エネルギー、緑化、リサイクルの三つです。

●語の後
（例）私は、
（例）わが社は、
※短い文には打たなくてもかまいません。

●文頭の接続詞の後
（例）ただし、または、
※短い文には打たなくてもかまいません。

●理由、条件のあと
（例）～によって、
（例）～ので、
（例）～に関して、

●意味を正しく伝える場合
（例）黒い目の、美しい少女

＜着眼点＞文末の処理

文末を工夫することで、誤解のない分かりやすい文章に仕上げられます。

●文末は体言止めにしない

文末は体言止めにせず、最後まできちんと書きます。「会議室にパソコンを設置」のような文章を見かけますが、厳密にいうと、すでにパソコンを設置したのか、設置している最中なのか、これから設置するのか、はっきり分かりません。

小説などの文芸文章では、躍動感を出すために、体言止めを使うことがあります。しかし、実用文章、技術文章は、情報を正しく早く伝えるのが目的です。「設置する」と文末を明確に記載しましょう。

●文末をすっきりする

文末がまわりくどい表現になっている文をよく見かけます。いくつかの例をあげます。
（例）×～書く「ことにする」

　　○書きます
（例）×～必要な「ことであるといえる」
　　○必要です。
（例）×～削除「するようにする」
　　○削除する

●文末に同じ言葉を繰り返さない

文末に同じ言葉を利用している技術文章もよくあります。書き手が「書く癖」を持っている場合です。

（例）パスワードは人に教えないこと。パスワードは6文字以上にすること。パスワードは数字をいれること

このように、文末に同じ言葉を記載している技術文章が散見されます。文末に同じ言葉が続くと、その言葉のほうが目立ってしまい、本来の趣旨が薄まってしまいます。文末に同じ言葉を使わないようにしましょう。どうしても利用する場合は、用語の意味を定義しておき一貫した意味をもたせます。

（例）「する」→ 要求が絶対的であることを意味する
　　「べきである」→ 要求が望ましい場合、しかし絶対的ではない

●文末の表現を統一する

ユーザーが利用する説明書や操作マニュアルなどの文章では、文末をどう表現するか決めておきます。

（例）クリックする。
（例）クリックします。
（例）クリックしましょう。
（例）クリックしてください。

一般的には、「します。」が多いようですが、必須業務でありかつ注意が必要というような場合は、「する。」を使うケースがあります。どの文末表現を

利用するかを、関係者で話し合いをして決めておくと良いでしょう。

このような用語の統一は、ITの力を借ります。単語登録をして、その辞書を関係者に配布することで、簡単に入力ができるうえ、表現を統一できます。単語登録をするときのテクニックとして、登録の読みに、キーボードから直接入力できる記号を付けることをお勧めします。例えば、「クリックします。」を「@く」と登録します。「@く」と入力すると「クリックします。」と変換されます。こうしておくと、入力も登録した単語の管理も簡単になります。

●文末の統一

文体には「です・ます調」の「敬体」と、「だ調」「である調」の「常体」があります。どちらを使うのかは、文の目的によって使い分けます。

「です・ます調」の敬体は、常態の「だ調・である調」に比べると、丁寧な文章という感じになります。もともと敬体は、話し言葉からきていますので、人に話しかけるような柔らかい感じがします。常体の「だ調・である調」は、簡潔な表現ですので、箇条書きのような文章に適しています。

＜着眼点＞文の体（文体）の統一

社外文書、メールをはじめとするビジネス文書は基本的に能動態で書きます。語尾を受動態にすると謙遜な感じになりますが、文章の意味があいまいになり、はっきりしなくなるというマイナス面があります。能動態にすることで敬語との誤解をさけて、文がすっきりした印象にもなります。主語を明確に記載することで受動態を能動態に簡単に書き換えることができます。

技術文書では、システムを作る側、テストする側、使う側により使い分けます。要件定義書、仕様書、設計書などシステムを作る側は、能動態で書きます。 検証技術者は、使い分けます。テスト設計書などテストをする側から書く文章は能動態を使いますが、ユーザーの立場で不具合報告書を書く場合は、能動態と受動態の両方を使います。システムを利用するユーザーのための操作マニュアルも、能動態と受動態の両方を使います。例えば、ボタンをクリックするという事象は能動態で書き、ダイアログボックスが表示されるというように現象は受動態で書きます。

さらに読み手の理解速度を速めるには、ユーザーが主体の事象の文章とシステムが主体の現象の文章は別の行に書きます。ちょっとした工夫で、読み手の理解度を上げることができます。

悪い例

＜テーブル＞をクリックします。＜テーブル作成＞ダイアログボックスが表示されます。

良い例

＜テーブル＞をクリックします。

＜テーブル作成＞ダイアログボックスが表示されます。

＜着眼点＞漢字の量は30%

漢字の量にも気を配りましょう。実用文章における漢字の量は30%が目安です。技術文書を支えるのは実用文章ですので、実用文章のルールに沿うとよいでしょう。

漢字には意味がありますので直観的に意味を把握しやすいという優れた特徴があります。しかし、接続詞や助詞のような補助的な用語は漢字ではなくひらがなで書きます。

最近ではワープロで変換すると漢字が出てくるので、なんでも漢字にしてしまう傾向があります。また、漢字を多用することで自分はできるエンジニアだと勘違いをしている人もいます。

人間に第一印象があるように、文章にも第一印象があります。漢字の量が多いと、紙面が黒く重たくなり難しそうという印象になります。

漢字は常用漢字を基準にし、接続詞、助動詞や助詞はひらがなで書きます。例えば、接続詞であれば「ただし」「なお」「すなわち」というような言葉です。補助的な用語もひらがなで書きます。「〜していただく」「ありがとう」「ほど」「くらい」「まで」「ごと」などです。接続詞や補助的な要素をひらがなで書くことで、より重要な名詞や動詞が相対的に強調されるのです。

漢字の量が多くなり40%となると論文、漢字の量が少ない20%は児童文学です。常用漢字とビジネスの表記ルールを守れば、おおよそ30%の量になります。

＜着眼点＞言葉の意味と意味範囲

言葉の意味範囲を決めておきます。例えば、「サーバーの導入」という言葉は、サーバーを設置してWindowsなどをインストールしユーザーの登録などを行い、すぐに使える状態にするまでを示すという会社があれば、サーバーの機器を搬入して開梱し物理的に接続するまでを導入としている会社もあります。

また、このような例もありました。データベースシステムでMTDKという4文字略語のテーブルがありました。そのテーブルの意味が分からず、新任の担当者は何日もかかって昔の仕様書を探しました。マスターテーブル削除クエリーという意味だったそうです。

業界が違えば、アルファベット略語の意味が異なる場合も多くあります。私の知人がIT業界から証券業界に転職してまだ日が浅いころのことです。IT業界ではMSというとマイクロソフト社を指す場合が多いので、証券業界に転職したときにもマイクロソフト社だと思っていたら、モルガンスタンレー社のことだったという笑い話があります。

その言葉はどういう意味なのか、どのような意味範囲をもつのか、何を示しているのか明確に決めておきます。

7-2 ITの力を借りてレビューする

文体や表記の揺れなど基本的な査読のチェックは、ITの力を借りましょう。例えば、ワープロソフトの「Word」などには、正しい文章の作成をサポートする「文章校正」機能が付いています。

Word 2016の場合、「校閲」メニューから「スペルチェックと文章校正」を選ぶと、文章のチェック処理が始まります。誤字脱字や表記揺れ、ビジネスでは利用しないほうがよい「～してる」という「い抜き言葉」、「食べれる」という「ら抜き言葉」があると、その部分と修正候補の文章が表示されます。

とはいえ、修正候補として挙がらない部分もあるので、最後は人間がしっかりとチェックする必要があります。まずはWordなどで粗く文章校正をしてから、しっかりと読み込むと作業効率が上がります。

図7-4●Wordを使った文章構成

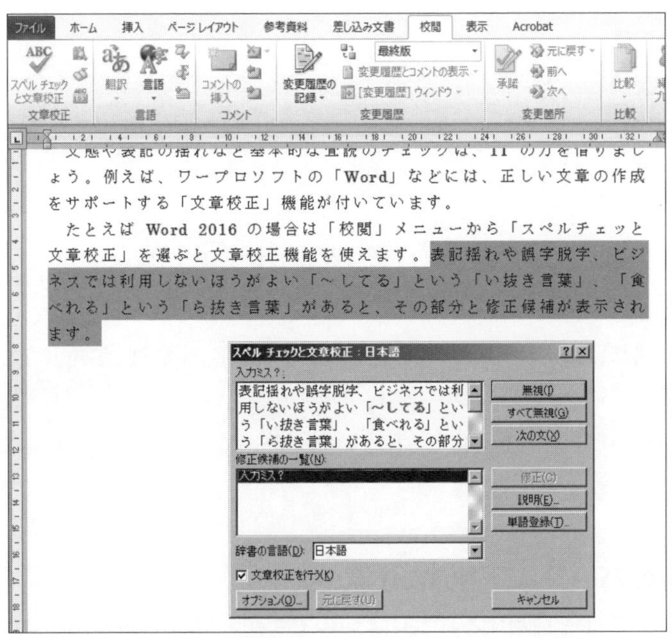

Wordの文章校正機能は、標準の設定のほか校正内容を追加設定できます。非常に便利な機能ですのでWordをお使いの方は設定しておくことをお勧めします。例えば、文書のスタイルには、次の種類があります。

・通常の文
・公用文
・ユーザー設定

取引相手が官公庁で、常用漢字を利用してくださいという依頼であれば、文書スタイルを「公用文」に設定しておくと便利です。

文法とスタイルの規則では、次のような設定があります。

・入力ミス
・くだけた表現
・「の」の連続
・「助詞」の連続
・助詞の用法
・重ね言葉
・「が」の多用
・二重否定
・文語調
・受動態

表記の揺れには、「カタカナ」「送り仮名」「数字」「全角/半角」などがあります。

文体には、「です・ます体」、あるいは「だ・である体」のどちらに統一するか設定できます。

Officeのバージョン違いに注意

レビューでITを活用することはよいのですが、Microsoft Wordは、バージョンが異なると書式がずれる場合があるので注意しましょう。例えば、あるバージョンで作成したファイルでは、1ページ目の最後に図を配置していたとします。ところが、別のバージョンで開いてみると、2ページ目の冒頭にずれてしまうという問題が起こりえます。

こうした問題を防ぐには、改ページを挿入する、図形はグループ化しておく、といった工夫が必要です。WordではなくPDFファイルに変換して相手に渡す、という手もあります。

7-3 文章レビュー時の心構え

専門用語が分からないので文章の添削やチェックができないという人がいます。技術文章に書いてある、「ジャバってなに？」「ピングはどういう意味？」というように、専門用語に気を取られてそこで思考が止まってしまい、次に進めなくなり、添削やチェックができないのです。

そのような場合は、専門用語をマスキングして考えます。まず、通常の文章で考えてみましょう。「太郎は花子を好きだ」この「太郎」と「花子」を専門用語と考えてマスキングしてみましょう。

「■は■を好きだ」のように太郎と花子がマスクしてあっても、助詞の使い方が間違っているというのは分かりますね。正しくは「太郎は花子が好きだ」です。

次に技術文章を考えてみましょう。仕様書に「ファイルをサーバーへ保存する」という文章があったとします。マスキングすると「■を■へ保存する」となります。助詞「へ」は、動作の方向を示す役割がありますので、この文章の次に、保存する手順や方法が続くことになります。手順や方法は、仕様書ではなく後工程の設計書で記載するべきものですので、ここでは「へ」ではなく到着点を示す「に」を使うべきであるというのが分かります。

この方法であれば、A4一枚の文章の査読は5分程度で終わります。書いてある技術について正しいかどうかは、そのあとで、読み手のレベルや文章の目的を考慮しながらじっくりと時間をかけておこないましょう。

文章によるコミュニケーションの役割を知る

文章は、言語によるコミュニケーションです。コミュニケーションには種類があります。バーバルコミュニケーションとノンバーバルコミュニケーションです。バーバルは、日本語では言語的という意味で、話の内容や文章を指します。

文章による情報のやりとりは、言語を用いてコミュニケーションをするということです。文章には、メール、社内文、社外文というような実用文章、提案書、RFP、仕様書、マニュアルなどいろいろな種類があります。特にネット社会においては、電子メールに代表されるように、これまで以上に文字によるコミュニケーションの機会が増え、ビジネスにおける文章作成能力が要求されています。非言語的コミュニケ―ションとは、言語以外の、表情、態度、ニュアンスなどを指します。

文章によるコミュニケ―ションの役割は、三つあります。

①情報を伝達する

②記録として残す

③信頼関係を構築する

一つ目の情報を伝達する役割では、「報告・連絡・相談」や「５Ｗ１H」などを活用することが多いでしょう。発信者の考えている内容・伝えたい情報を、分かりやすい文章で正確に記述して発信する技術は、相手との情報交換の密度を高めていき、仕事をスムーズに進めます。

二つ目の、記録性や保存性については、現在の情報や考え、行動を記録して残すことで将来の行動につないでいく役割があります。また、会話は、時間が経つと記憶が薄れ、「言った」「言わない」というトラブルになることがあります。しかし文章であれば保存しておけるので、そのような心配はありません。

三つ目の信頼関係という点は、書き手だけではなく、組織の評価にもつながります。

読み手が読みやすく礼儀正しい文章を書く技術は、「丁寧で礼儀正しい文章を書く人だ」と評価を得るだけでなく、ひいては、「よく教育が行き届いている」と組織の信用を高めます。

例えば、ビジネスにおいて、信頼を得るためのステップの一つに、メールがあります。内容を伝えるだけでなく、丁寧で礼儀正しく感じよいメールを送ると、相手から「この人なら安心だ」と思ってもらえ、すばやく信頼関係を築くきっかけになります。

システム開発・運用の現場において、文章が信頼関係を構築する次のような例があります。例えば、ソフトウエア開発において、開発と検証は異なる会社が担当しているという場合があります。プログラマと検証技術者が同じ部屋にいるとは限らないのです。

そのような環境では、プログラマと検証技術者は、不具合報告書というような文章で情報のやりとりをします。

不具合を修正するのに必要な、不具合発生手順を簡潔に分かりやすく書いてあれば、プログラマは早く修正しようという気になります。この人の文章は理解しやすいと信頼してもらえるようになると、早く読んでもらえるようになります。

文章による信頼関係ができると読み手の気持ちが読む前から違うのです。このように、文章というのは、信頼関係を構築する役割があります。建築においては、ドアや壁の記号がありますが、IT技術は自然言語で伝えなくてはなりません。相手から信頼を得るための文章を書く技術は、仕事をスピーディに進めるためにも、若いうちに身に付けておくスキルです。

「納品物の品質」という点でも注意が必要です。ソフトウエアを開発した場合、ソースコードは納品物の一部にしかすぎません。ソースコードでも、コード規約を決めて複数のプログラマが記述しても同じ品質になるようにしています。

日常においても、同じ料理人でも日により味が違うラーメン店、ケーキ職人が異なると出来上がったケーキにばらつきがあるケーキ屋など、製品や商品としては、品質保証ができていないということです。いつ食べても同じ味というのがプロの仕事です。ところが、自然言語で表現するというのは、方言をはじめ、その人が育ってきた環境や専攻した学問、担当している業務により、それぞれ異なるのです。

例えば方言であれば、大阪では「なおす」というのは「片づける」という意味ですが、東京では「修正する」という意味になります。お正月に食べるお雑煮の餅は、丸餅、四角い餅、餡が入っている餅などそれぞれですが、その地方で育った人は、それが「普通」だと思っているのです。納品物としての文章も書く人によって、ばらつきがあるのは避けなくてはなりません。

中国茶の評茶には、標準というのがあり、自分の感覚をそれに近づけるという訓練があります。文章も組織でルールを作り、それに従って書くというところから始めてみてはいかがでしょうか。

十を教えて見守る

論語に、「一を聞いて十を知る」という言葉があります。非常に賢く理解力があることのたとえで、物事の一端を聞いただけで全体を理解するという意味です。また、一昔前は、上司の背中を見てとか技術を見て盗めというような、試行錯誤をしながら自分のものにしていく育成スタイルがありました。

しかし残念ながら、現在では組織の中で、そのようなスキルの伝承は厳しいのではないでしょうか？ 30年ほど前は、赤ちょうちん文化というのがあり、部下が失敗したときには上司が飲みに誘い、終業後に一杯飲みながら伝えるというスタイルもありましたが、これもまたほぼ不可能な方法に近いようです。

ご自身が高いスキルをもっていても、それを人に伝えて成長を促すのは至難の技です。ご自身が「できる」というのとそれを「人に伝える」というのは別の技術です。上司・先輩として部下や後輩に技術を伝え、成長のサポートをするにはノウハウが必要です。

私は研修の最中に、ときどき人材育成について相談を受けることがあります。

あるときこんな相談がありました。「アンケートのコメントをExcelの表に入力してください」と部下に指示をしました。入力項目は100件ほどありました。翌日、部下から「判読できない文字がありました」という口頭報告とともに入力完了の報告をうけました。そのファイルを開いたときに、愕然としたそうです。判読不明な箇所に何もマークがついておらずただ入力しただけだったのです。これだと、紙媒体とつき合わせをしてどこが判読不明であるのかを探さなくてはなりません。

「これだとどれが判読不明なところか分からない」というと「指示書に書いていなかった」という回答だった。カチンときた。部下を何とかできないかということでした。

あなたならこの出来事をどう考えますか？部下が悪いように思いますが、少し立ち止まって考えてみましょう。

まず、指示についてはいかがでしょうか？「入力して」「管理して」という一言は、言葉の抽象度が高く、何をどのようにするのかという詳細な情報が、一言に含まれてしまっていて、結果として指示があいまいなのです。

例えば、判読不明なところには、薄い黄色の色を設定しておいてください。入力が終わったら、そのあと印刷するので文字がすべて表示されるように列と行の調整をしておいてください。印刷はA4サイズで行うので横幅が収まるように設定をしておいてください、というように細かい指示をしていたら、結果は違ったのではないでしょうか。指示は細かく必ず5W 1Hを意識して行いましょう。

信じて実らせる

山本五十六の有名な言葉があります。「やってみせ、言って聞かせて、させてみて、ほめてやらねば人は動かじ。 話し合い、耳を傾け、承認し、任せてやらねば、人は育たず。 やっている、姿を感謝で見守って、信頼せねば、人は実らず。」

山本五十六は軍人です。軍隊という規律が非常に厳しく、命がかかっているという環境の中でさえ、人を育成するには、やってみせて、説明して、やらせてみて、ほめなければ成長しないと言っています。ましてや、生まれたときから平和で安全な日本で育った私たちが集まる組織ではどうでしょうか。

上司・先輩にあたる方は、面倒でも抽象度を落とした説明をし、そしてできたらほめるという感情労働が必要です。

次に、文章を書く仕事が減らない、部下や後輩に説明するより、自分で書いた方が早いからという人がいます。説明するのが面倒くさいそうです。しかし、この状態が続けば、ご自分の作業量は減らず、また部下や後輩も成長しないのです。

山本五十六の言葉に、「信頼せねば、人は実らず」とあります。心理学的には、ピグマリオン効果といいます。教育心理学における心理的行動の一つで、人間は期待された通りに成果を出す傾向があるそうです。1964年にアメリカ合衆国の教育心理学者ロバート・ローゼンタールによって実験されました。ちなみに期待しないことによって学習者の成績が下がることはゴーレム効果といいます。後輩や部下は“できる”と信じて粘り強く見守る時間が必要です。

「青は藍より出でて藍より青し」という言葉があるように、自分より優秀な人材を育成するには、テクニックも必要ですが、なんといっても育成する側の「感情労働」が必要です。十を伝えて成長を見守っていき、部下や後輩の価値を高めていきましょう。

文章作成や文章レビューの能力は磨ける

文章作成や文章レビューの能力は「技術」です。学習すればだれでも身に付けることができます。ただし、身に付けるには少しの努力と時間が必要です。

例えるなら、自動車の運転ができるようになるまでに似ています。自動車の運転ができるようになるには、運転免許を取るために、教習所に通います。交通ルールなどを学び、実際に車に乗って練習をし、仮免許をもらいます。免許取得したあとに実際に運転することで車の運転に慣れていきます。

文章力を上げるには、セミナーに参加したり、本を読んだりして知識を蓄えます。先輩や上司から教わるという人もいるでしょう。

そのあと、次の方法で文章力を上げます。仕事でメールのやりとりをしているかたは、1日1通でよいので書いたらすぐに送信せず、一度保存をしましょう。そして、そのメールはだれかがあなたに送ってきたメールだと仮定して、第三者の目でチェックしてみましょう。1日5分だけでいいのです。忙しいという方もいますが、1日5分であれば、8時間勤務の場合1日に96回チャンスがあるということです。この方法を1～2週間続けてみるだけで、メールの文章力はぐっと上がります。

そのあと、技術文章にとりかかってみるといいでしょう。意識をすれば、3カ月程度で効果が出てきます。何事も基礎が大切です。基礎が固まっていないのにテクニックばかりに走るとどこかで成長は止まります。文章力を上げるのに、銀の弾丸はありません。少しの時間と努力が必要です。

7-4 ソフトウエア文章のレビュー

ソフトウエア開発にかかわる文章のレビューを行う場合には、その目的を理解しておかなければなりません。およそ次のような目的を念頭に置いておきましょう。

① 記述漏れや記述間違いを防ぎ、品質を向上させる

② 計画通りに作業が進むようにする

③ (①に関連して) コストの増加を抑制する

④ 参加者の認識ずれを合わせる

⑤ 文章力を向上させる

企業によってはこれ以外の目的をレビューに持たせることもあるでしょう。その場合でも、あらかじめ目的を書き出し周知徹底させておくことが必要です。

これらの目的をあいまいにしたままレビューを行うと、「レビューよりも、設計などの作業を優先したくなる」「文章の作成者の人格を否定したような罪悪感にかられる」「レビューが形式化する」といった弊害が生じ、何のためにレビューを行うのかという疑問は、レビュー参加者の懐疑的な姿勢として現れます。結果としてレビュー自体の効率が落ちます。レビューの目的を当事者全員が理解しておくことは必要不可欠です。

何のために行うのか

レビュー参加者がレビューの目的を理解していても、その効果を理解していないと、やはり懐疑的な姿勢に陥ることがあります。例えばレビューの目的①の「記述漏れや記述間違いを防ぎ品質を向上させるため」があると分かっていても、「記述漏れや間違いは日常的なことで、それは後工程で見つければよいし議論すればよい」と考えている参加者にとっては、本来の目的意識を持つことは難しくなります。

レビューの重要性を参加者に理解させることは意外に難しいものです。レビューの目的を列挙して読み上げ、レビューの場に板書しても何も伝わらないでしょう。「なるほど」と深くうなずくことのできる理解が必要です。

例として、上記のレビューの目的①について説明してみましょう。品質管理の手法の中に「新QC七つ道具」というものがあります。その一つの「T型マトリクス」(図7-5) を使って、ソフトウエア開発の品質管理手法の一例を紹介します。

図7-5●T型マトリクスの例

計	システム・テスト	結合テスト	プログラム開発	内部設計	外部設計	要件定義	発見した工程 ／ 発生させた工程 発見すべき工程	要件定義	外部設計	内部設計	プログラム開発	結合テスト	システム・テスト	計
				1			要件定義		1					
			3				外部設計			3				
			2				内部設計		2					
		3					プログラム開発				5			
	6						結合テスト					6		
							システム・テスト						3	
							計							

T型マトリクスでは、ソフトウエアの各開発工程で発生し発見した不具合を、以下の三つの視点から分類します。

① 不具合を発見した工程

② 不具合の原因を作り込んだ工程

③ 不具合を発見すべきだった工程

これをT型に配置するため、T型マトリクスと呼ばれています。

例えばウォーターフォール・モデルを採用したソフトウエアの開発工程を想定します。各局面で作成する「障害報告書」としては、次のような形式で情報を集約します（図7-6）。

この障害報告書を全工程にわたって集計して、図7-7のような一覧表を作ります。障害報告書の「分析結果」で不具合を発見した工程（H）に「P5」と記入されていれば、行Hの列P5に1を加えます。不具合を発見すべきだった工程（I）に「P3、P4」と記入されていれば、行Iの列P3とP4にそれぞれ1を加えます。

この数値から、各局面の累計値をグラフにプロットしたものを「品質保証曲線」と呼びます（図7-8）。

図7-6●障害報告書の例

障害報告書		
プロジェクト名:	担当:	発生日時:
障害内容: 商品マスターと取引レコードの突き合わせ処理で例外処理発生。 原因は商品マスターの存在性チェックが事前に完了していないこと。		
分析結果	・不具合を発見した工程(H)	P5
	・不具合を発見すべきだった工程(I)	P3、P4
	・不具合の原因を作り込んだ工程(J)	P3

局面(工程)の略号
P1:調査分析　P2:要件定義　P3:外部設計　P4:内部設計
P5:プログラム開発　P6:結合テスト　P7:システム・テスト

図7-7●障害報告書の集計例

	P1	P2	P3	P4	P5	P6	P7
不具合を発見した工程(H)	25	40	61	80	120	75	30
不具合を発見すべきだった工程(I)	28	45	74	117	132	24	15
不具合の原因を作り込んだ工程(J)	36	60	89	97	120	31	3

図7-8●品質保証曲線の例

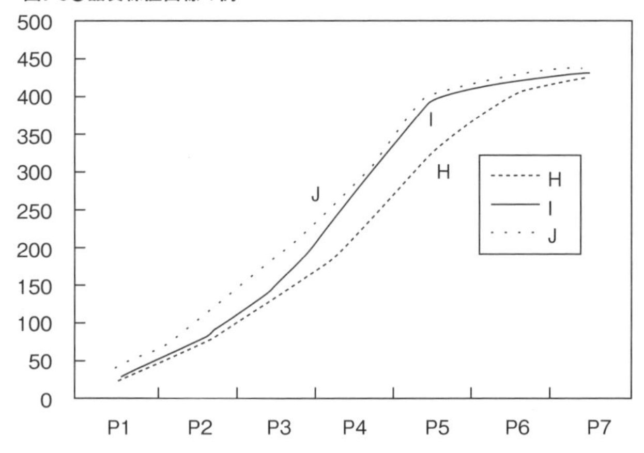

さらに、ここから三つの評価指標「見のがし率」、「評価技術度」、「未然防止率」を算出します（図7-9）。これもグラフにすると図7-10のようになります。

この例での三つの評価指標を読むと、評価技術度が上流工程（P1～P3）で低くなっています。上流工程での品質を向上させる仕組みと標準が、整備されていない可能性があります。上流工程での未然防止率も低いので、標準を守っていない可能性があります。レビュー作業などの強化が必要です。上流工程で見のがし率が高くなっているのも、これを裏付けています。下流工程に不具合が流れ出しては駄目なのです。一つの工程はその工程で品質保証

図7-9●品質保証曲線から算出する評価指標

評価指標	評価基準	算出式	意味
見のがし率	小さいほど良い	I/(H+I)	見のがし率が大きいのは、不具合を発見すべき工程で発見していない、つまり見のがしが多いということです。仕組みの不備と、その遵守度合いが低いことを示しています
評価技術度	大きいほどよい	1－{J/(H+I+J)}	評価技術度が小さいのは、後工程でしか発見できないということです。仕組みと標準が整備されていないことを示しています
未然防止率	大きいほどよい	H/(H+I+J)	未然防止率が小さいのは、不具合が後工程で発見されているということです。上流工程の標準が不備なため不具合が未然に防止されていないことを示しています

図7-10●局面ごとの品質保証評価指標の例

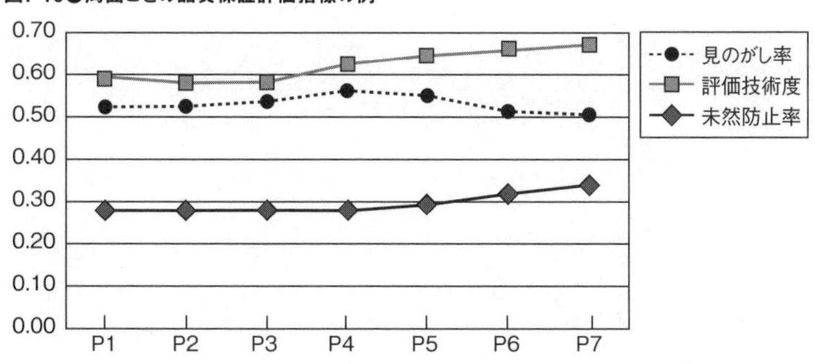

を完結させることが、全体の品質を向上させます。

欠陥除去率は以下の式で示します。

開発中に検出した『欠陥』の総数

÷

開発中から納品後（システム稼働後）１年間に発生した『欠陥』の総数

言い換えれば、ソフトウエアに内在するすべての「欠陥」のうち、供給者が開発中にどのくらい除去して、取得者に納品できたかという比率です。

欠陥除去率は、ソフトウエア品質を比較的簡易に測定できて、かつソフトウエア品質を知る上での重要なファクタです。Capers Jones[注1)] の分析結果によれば、「欠陥除去率＝95％」の組織が、一番少ない工数で損失を最小化できているとのことです。逆に、欠陥除去率が95％以下の場合、除去率が低いほど欠陥修正の工数が大きくなり、開発工数も増大します。

ところが、95％以上の欠陥除去率を達成しようとすると、一気に開発工数が最大化します。これは残り5％の「欠陥」を取り除くのは至難の業であり、そのために多くの工数を必要とするからです。この関係はＳ字カーブで示されます（図7-11）。コストを最小限にとどめるためには、欠陥除去率の立ち上がりカーブを早く上昇させ、一気に95％まで持って行く必要があります。そのために一番効果があるのが、設計時の「レビュー」による早期の欠陥除

図7-11●欠陥除去と投下するコストはS字カーブを描く

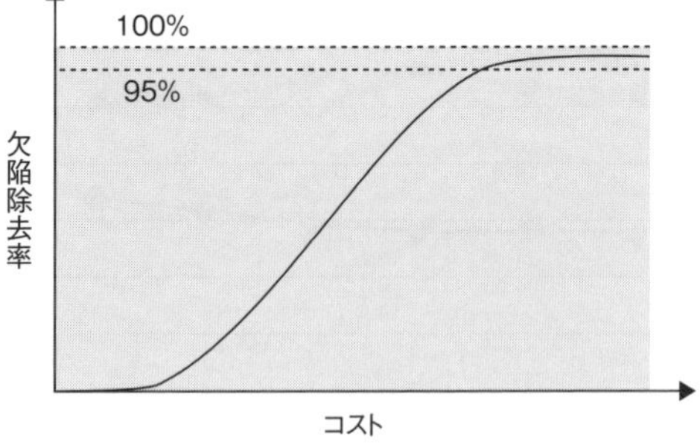

去なのです。

このように詳細に、かつ論理的にレビュー・チームに説明すれば、ソフトウエア開発の上流工程でレビューを行うことが、次工程以降の品質を向上させるために重要な作業であることが分かるはずです。動機付けが人間の生産性を高めるのです。

レビューの目的②～⑤に関する「何のために」については皆さんで考えてください。それほど難しい問題ではありません。

何に対して行うのか

ソフトウエア文章のレビューは、どのような文章を対象に行うのかを説明します。ソフトウエアの開発や保守局面ではさまざまな文章が作成されます。その中には議事録もありますし、保守障害報告書もあります。これらのうち、レビュー対象となるのは品質保証の仕組みに組み込まれている文章です。議事録は原則としてレビューの対象になりません。議事録は成果物にはなり得ないからです。

ソフトウエア文章のレビューとは「製品の品質検査」なのです。従って「納品物」として定義されたものはすべてレビューの対象になります。品質を保証する上で必要となる補助資料もレビューの対象となります。製品に欠陥があった場合、その製品の検査と検査を承認するための証拠となる証憑があってはじめて、品質に関する追跡作業ができるからです。この「証拠となる証憑」に該当する資料が補助資料です。

誰のために行うのか

前項でレビューの目的が「製品の品質検査」であることを述べました。レビューが誰のために行われるのかは、製品が誰に使われるのかを考えれば明確です。

レビューは開発した製品の利用者のために行います。製品の利用者は顧客であったり、企業内のユーザー部門であったりします。供給者は、限りなく欠陥の少ない製品を提供する義務があります。そのために製品の品質検査としてレビューを行うのです。

ソフトウエア・プロジェクトにおいてもこの考えは同じです。要件定義書や外部設計書、システム・テスト結果報告書も製品なのです。

ここで混乱しやすいことがあります。ソフトウエアといってもパッケージ製品から、注文生産の企業向けシステムまでさまざまです。特に日本におけるソフトウエア開発の大半は、企業向けに注文生産したものです。短くて3カ月、長い場合だと2年間もかけて開発し、コストも数億～数百億円になるものがあります。

このようなシステムを開発する場合、システムの利用者がどのような機能を求めているのかを明確に定義し、それを確実に実現できるよう機能の設計と処理方式の設計を行わなければなりません。実はこの部分は、システムの利用者にはあまり理解できていない場合が多いのです。

そのために開発側に任せっ切りになる傾向があり、システムが出来上がった時点で期待とずれた機能が提供されていたということになりかねません。そうなると開発側は契約の再交渉から機能の見直し、スケジュールの再設定、さらに開発者は過酷な労働を強いられることになります。

一義的にはレビューは利用者のために行いますが、開発者自身のリスクを軽減するために行うというのも「誰のために」の中に含まれています。

システム利用者のためにレビューをするのが一義的な目的で、それを実現すれば開発者のリスクが軽減でき、自分たちのためのレビューになるのだと理解してください。

いつ行うのか

ソフトウエア文章のレビューやプロジェクトのレビューなどは、任意にいつでも行うものではないというのが原則です。もちろん必要に応じて実施することはできますが、それではプロジェクトの統制（コントロール）が機能しているとは言えません。

レビューは計画に従い、決められた日時と参加者で行う必要があります。PM-BOKなどのプロジェクト管理手法では、レビュー作業がWBS（Work Breakdown Structure）の一つに規定されていることからも、その必然性が明らかです。

前の局面のレビューが完了したソフトウエア文章を入力として、自局面の成果物を開発し、それに対するレビューを完了すれば、成果物を次の局面へ引き継ぎます。局面ごとのレビューは各局面の最後に行われます。レビュー結果が完了基準に沿った品質を維持していればレビューは承認され、その局面は完了します。

また品質が維持できていなければ品質向上の作業に入り、再度レビューを行います。

図7-12●レビューは局面の完了確認として行う

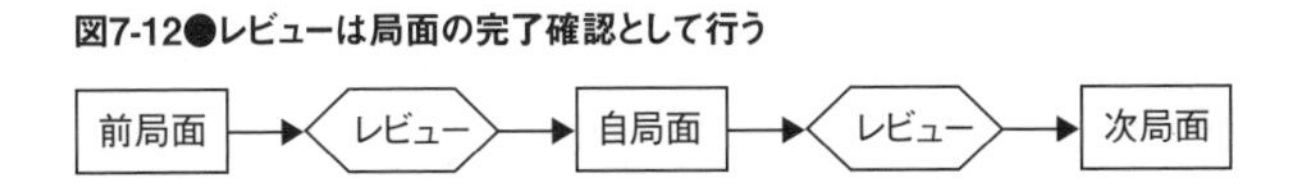

7-5 ソフトウエア文章のレビュー方法

次は具体的なレビューの方法について説明します。ソフトウエア・プロジェクトにおいては、その成果物が取得者（顧客）の満足を得られ、かつ供給者にとってもビジネスの成功となるため、提案書・見積書、開発計画、および開発実施の各段階で、技術面とビジネス面の両面からレビューを行う必要があります。

レビュー結果の数値化

ソフトウエア工学では、ソフトウエア・メトリクス（Software Metrics）という用語を使います。ソフトウエアのさまざまな特性を判別する客観的な数学的尺度のことです。

ソフトウエアは、設計、製造、検査などの進捗状況が目に見えにくいので、できるだけ目に見える管理を可能にするような方式が検討されてきました。具体的には生産性や品質の尺度（物差し）の設定と、計量方法（データの収集と加工の仕方）および分析評価のためのモデルなどです。このような領域の研究分野と、それに基づいた実用方法をソフトウエア・メトリクスあるいはソフトウエア計量法と呼んでいます。

レビューの効果を測る場合にも計測する必要があります。計測することによって定性的な評価から定量的な評価ができるようになります。

ソフトウエア文章をレビューする場合の計量法としては、「1枚当たり何件の欠陥があったか」をもってその品質の尺度とする手法が、一般的に使われています。計測した数値を、これまで本章で紹介したようなさまざまな角度から統計処理することも必要です。それによって、ソフトウエア開発プロセスの改善サイクルが機能するのです（図7-13）。

図7-13●ソフトウエア開発プロセスの改善サイクル

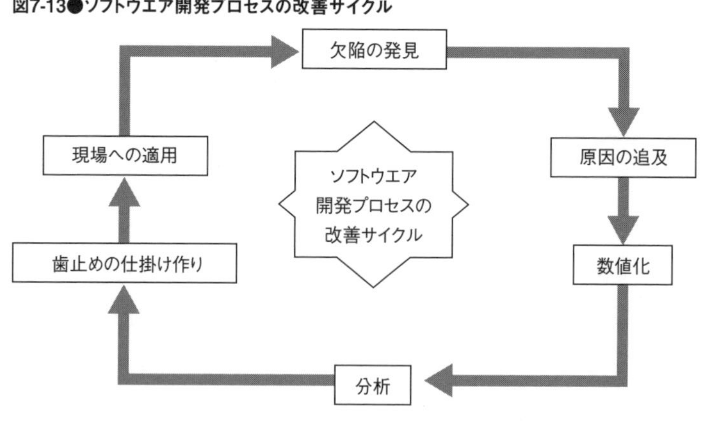

レビューの範囲

レビューの範囲は、そのソフトウエアのプロジェクトが開始されるきっかけとなった提案書・見積書から始まり、開発実施計画書のレビューを経て、ソフトウエア開発の各局面までです。

① 提案書・見積書レビュー

提案段階を含むプロジェクト開始直前から、見積もり提出までの局面で、提案・見積もり活動を支援し、提案書・見積書の妥当性をレビューする

② 開発実施計画書レビュー

見積もり・契約と実施計画に矛盾がないことを確認し、計画の実現可能性をレビューする

③ 局面レビュー

各局面における品質を確認し、問題の早期発見と的確な対応策が設定されているかをレビューし、その実施を支援する

参加者と役割

レビューに参加するメンバーは、プロジェクトの規模によって変えるようにします。小規模なプロジェクトに経営者が参画する必然性は少ないからです。プロジェクト規模は受注金額や開発工数によって設定すればよいでしょう。

上記③の局面レビューのうち、要件定義局面と外部設計局面のレビューには、取得者（顧客）も参画してもらう必要があります。

レビュー・プロセス

レビューに関する企業（供給者）内のプロセスの例を示します。

① 提案書・見積書のレビュー

技術部門は技術的なリスクを把握するため、提案書と見積書の作成段階から参画する場合があります。経営部門は経営リスクを把握するために参画します。レビューの結果を報告書としてまとめ、経営層に報告します。レビュー

報告書は技術部門と経営部門が共同で作成するのが一般的です。

② 開発実施計画書レビュー

見積書が取得者（顧客）に承認され、その後契約書が締結されれば開発実施計画書を作成します。開発実施計画書には、開発スケジュール・開発体制・予算・リスク対応策などを書きます。レビューではこれが見積書と契約書に基づいて矛盾なく作成されているかどうかを確認します。レビュー結果が承認されればいよいよプロジェクトの開始です。

③ 局面レビュー

要件定義局面からテスト局面まで、開発局面ごとにレビューを行います。まずレビューをいつ、誰が、どのように行うのかを決めた「レビュー計画書」を作成します。このレビュー計画書をもとに、プロジェクトの状況に応じて重点的にレビューを行う項目を洗い出します。

レビューの視点

レビューは局面で作成された成果物に対して行われます。レビューの視点は次のようなものになります。

(1) 記述内容が正確であること

a. 必要な情報が漏れなく記述されていること

- 書くべき項目について、漏れなくデータを収集しているか
- 収集したデータを、文書の目的の観点から記載の要/不要を明確にしているか
- 記述内容の範囲が明確になるよう、目次も含め内容の構成を構造化しているか
- 参照した情報やデータの出典を明示しているか
- 裏付けとなるデータや詳細な原始データを、必要に応じ添付しているか

b. 必要な情報を正しく伝えていること

- 内容は5W1Hの観点に合致しているか

●ワープロの変換ミスなど、誤字・脱字がないか

●数値データについては、その精度も含めて十分に確認してあるか

(2) 表現は、分かりやすく簡潔にすること

a. 利用者の立場で読みやすく書くこと

●文章は短めにし、句読点の使い方も工夫しているか

●理解を助けるため、絵、図表、例を極力取り入れてあるか

●技術用語/専門用語については、用語集を添付してあるか

b. 記述方法が統一されていること

●構成、体裁は統一されているか

●項番の振り方を統一しているか

●文体を「である」または「です」調に統一しているか

以上、レビューの考え方、やり方について見てきました。レビューを効率的に実施すれば品質やコストに大きな効果が得られます。儀式としてではなく、プロセスの一つとして実施することが肝要です。

レビュー対象となるソフトウエア文章の品質が高ければ、レビューの効率は向上し、全体のコストも抑制されることになります。ソフトウエア文章の品質を高めるためには、執筆する人の文章力を高める必要があります。ぜひ、日ごろから文章力を高める努力を行ってください。

図7-14●レビューに参加するメンバーと役割の例

プロジェクト規模(工数)			参加するメンバー						
			経営者	CIO	統括部門長	担当部門長	専任レビュア	経営部門	技術部門
レベルA	全社単位	200人月以上	◎	○	○	○	技術部門長	○	△
レベルB	全社単位	100人月以上 200人月未満		◎	○	○	技術部門長	○	△
レベルC	統括部門単位	50人月以上 100人月未満			◎	○	各統括専任	△	△(分析・評価)
レベルD	担当部門単位	50人月未満				◎	各統括専任	△	△(分析・評価)

◎=レビュー承認、○=アドバイザ(兼レビュア)、△=サポート/フォロー

7-6 ソフトウエア文章のレビュー効果

本節では、レビューの投資対効果について考えます。「何のために行うのか」で、「一つの工程はその工程で品質保証を完結させるべきもの」と書きました。とはいえ、レビューには資源が必要です。人的資源・コスト・時間・会議室などの空間・紙などの資源を消耗します。これらの資源が、どの程度の経済負担になるのか試算してみます。

- 人的資源:レビューには高度な専門家が参加します。これらの人がレビューに参加しなければ設計作業の推進に貢献できます。レビューに参加する分、作業は遅れます
- コスト：主に人件費です。平均的な時間単価を4000円とし、レビューに10人が参加して8時間費やせば、32万円が投下されることになります
- 時間：時間も貴重な資源です。レビュー時間はプロジェクト全体のスケジュールから時間資源を消費します
- 設備・備品：会議室は1日利用すると約2万円必要です。備品も紙などを含めて2万円ほど必要となります

これらを合わせると、1日レビューを行うだけで40万円ほどの金銭的コストとなります。非金銭的コストを含めるとさらに大きくなります。

これだけのコストを投下して、得ることのできるレビューの効果にはどのようなものがあるのでしょう。

品質保証とレビュー

日本では服地を手にして「これは品柄（しながら）が良い」という言い方をします。この品柄が品質の原点です。品質を測る物差しが品質特性であり、その値が品質特性値です。直接測れないものは代用特性を用います。

品質には、商品企画段階で決まる品質の企画品質、設計段階において販売面・技術面・原価面などを考慮して決めた「狙いの品質」である設計品質、実際に製造されたものの「できばえの品質」である製造品質、そして実際に

顧客がその商品を使用したときの使用品質があります。品質保証とは「消費者の要求する品質が十分に満たされていることを保証するために、生産者が行う体系的活動」と定義されます。

この考え方をソフトウエア・プロジェクトに適用すると、要件定義のレビューが企画品質保証、外部設計・内部設計のレビューが設計品質保証、プログラム開発からシステム・テストまでのレビューが製造品質保証に相当します。

レビューの目的は品質の保証にあり、レビューの効果は第一に品質の維持として現れます。

後工程はお客様

製造業の品質管理でよく使われる標語に、「後工程はお客様」があります。欠陥は自分の守備範囲で解決し、後工程にはたれ流さない、という意識です。この考え方の原点は、製品の最終品質が製造の各工程に組み込まれており、各工程を無欠陥にすることで最終製品も無欠陥にすると言う発想です。

さらに、この考え方には工程の関連による欠陥の拡大連鎖を防止する、という重要な視点があります。工程は「企画→設計→製造→試験」と流れます。抽象度の高いものから低いものへ、変換されていくと見ることができます。具象化を進める過程で、あいまいさがなくなる代わりに、想定外の具象化が行われる危険があります。このことの被害がどのように甚大か説明します。

図7-15を見てください。これは要件定義の局面に潜んでいる欠陥を発見

図7-15●要件定義局面の欠陥を後の局面で修正するコスト

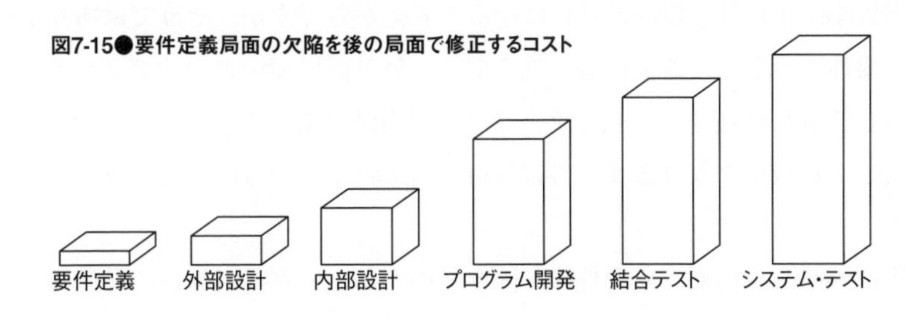

し、修正するコストを視覚化したものです。

欠陥を作り込んだ局面と発見した局面がかい離するほど、修正に必要なコストは指数的に増加します。これを防止するために欠陥を発見する仕組みを、それぞれの局面に持つ必要があるのです。しかし、この発見する仕組みが十分に機能しなければ効果は低くなります。

レビューの効果の第二は、なるべく上流の局面（前工程）で欠陥を除去し、全体のコスト低減として現れます。その定量的な例を次項と次々項で示します。

修正のコスト

レビューの効果を、具体的な金額でも確認しておいた方がよいでしょう。

ここでは、20万ステップのプロジェクトを仮定します。開発生産性を1人月800ステップとすれば、250人月を投入する必要があります。1人月100万円とすれば2億5000万円規模のプロジェクトということです。

総工数を開発局面ごとに分配したところ、図7-16のようであったとします。

このプロジェクトではどの程度文章を作成するのか試算してみます。要件定義の生産性は1人月当たり1枚と仮定し、要件定義の1枚が外部設計20枚、外部設計1枚が内部設計4枚、内部設計1枚がプログラム開発での2枚に相当する、など図7-17のように仮定してみました。

ここで、外部設計局面で要件定義書の1枚に欠陥があったことを発見し、書き直しを行ったとします。この修正は外部設計書にも影響します。外部設計書20枚、1人月分の書き直しになると考えがちですが、そうではありません。要件定義された機能の整合性を取り、外部設計での他のサブシステムとの整合性も再確認する必要があります。機能の複雑さにもよりますが、3倍程度の工数負担となります。外部設計書60枚分、300万円相当のコスト負担です。

次に外部設計局面でも要件の欠陥を見のがし、内部設計局面で発見したと

図7-16●開発局面ごとの工数の例

区分	要件定義	外部設計	内部設計	プログラム開発	統合テスト	システム・テスト	合計
工数配分	10%	15%	20%	30%	15%	10%	100%
投入工数（人月）	25.0	37.5	50.0	75.0	37.5	25.0	250.0

図7-17●開発局面ごとの文章作成量の例

区分	要件定義	外部設計	内部設計	プログラム開発	統合テスト	システム・テスト	合計
投入工数（人月）	25.0	37.5	50.0	75.0	37.5	25.0	250.0
生産性（枚/人月）	1	20	80	160	80	20	---
総枚数	25	750	4000	1万2000	3000	500	2万275

しましょう。外部設計書1枚の書き直しは、内部設計書では単純に4倍になるのではなく、整合性の確認などで12倍程度にふくらみます。外部設計書60枚分の修正に対して内部設計書720枚分の修正となります。コストは外部設計修正で300万円、内部設計修正9人月で900万円、合計1200万円です。

さらにプログラム開発の段階で要件定義の欠陥が発見されたとしましょう。内部設計書720枚に対してプログラム1440枚、900万円のコスト負担です。累計すると2100万円のコストになりました。要件定義の欠陥が後工程で発見されるほど、コストは指数的に増加します。要件定義書1枚の欠陥が2100万円のコストなのです。逆に要件定義書のレビューで欠陥が発見され修正されれば、2100万円が無駄にならなくてすむということです。レビューの経済効果がいかに高いかを理解してください。部設計修正で300万円、内部設計修正9人月で900万円、合計1200万円です。

さらにプログラム開発の段階で要件定義の欠陥が発見されたとしましょう。内部設計書720枚に対してプログラム1440枚、900万円のコスト負担です。累計すると2100万円のコストになりました。要件定義の欠陥が後工程で発見されるほど、コストは指数的に増加します。要件定義書1枚の欠陥が2100万円のコストなのです。逆に要件定義書のレビューで欠陥が発見され修正されれば、2100万円が無駄にならなくてすむということです。レビューの経済効果がいかに高いかを理解してください。

注1) Jones C.、『ソフトウェア開発の定量化手法』、共立出版、1993年

8章

見積要求仕様書の書き方

ソフトウエアの取得者側に立った場合、作りたいシステムがどのような方式で作られ、費用はどのくらいかかるのかを知る必要がでてきます。自社に技術力があれば、機能と方式からコストを積算できるかもしれませんが、その見積もりが正しいかどうかの確認は難しい場合があります。自社で考えたより適切な方式があるかもしれません。

多くの場合、取得者は、供給者となるシステム開発の専門会社に見積もりを依頼します。依頼方法は口頭だったり、他社事例を参考にしたり、メモ書き程度のこともありますが、正確を期するためにはRFPを作成します。本書でもすでに何度か登場していますが、RFP（Request for Proposal）は日本語では「見積提案依頼書」「提案依頼書」「見積要求仕様書」などの呼び方があります。本章では見積要求仕様書で統一します。

この章では、このRFPの作成に当たっての留意点、さらに詳細な記述項目とその内容について説明します。

8-1 考えを伝えることの難しさ

人間同士のコミュニケーションにおいて、聞き手が話し手の内容を完全に理解することは困難だと言われています。例えば、話し手が考えていることを100とすると、それを言葉にして口から出せる内容はその3割、聞き手に届くのはまたその3割で、話し手が考えていることの9%しか受け取っていない、と言います。聞き手側の理解するための努力は当然必要ですが、問題は、考えている内容の3割しか言葉にできない、という話し手の側に大いにあります。

ではどうやって、自分の考えていることをより正確に言語化すればよいのでしょう。このことを考える前に、勘違いの例を二つ紹介します。

【例1】

太郎と次郎が川の近くに実っている柿を採りに出かけました。太郎が柿の木に登り、次郎が落ちた柿を拾うことで相談がまとまり、太郎が柿の木を登り始めると、足を滑らせて川に落ちそうになります。太郎は次郎に「尻を押さえろ」といい、次郎も「わかった」と答えます。

しかし太郎はずるずると落ちてゆき、川にはまってしまいました。太郎は「なぜ尻を押さえなかった」と怒ります。「ちゃんと押さえてるよ」。次郎は自分の尻を押さえていました。

【例2】

ある禅寺の留守居をしていた、門前のこんにゃく屋六兵衛。そこに旅の僧が禅問答にやってきた。たまたま袈裟法衣をまとっていたが、もちろん禅問答などわかるはずはない。耳も目も悪いふりをして追い返そうとする。旅僧はいろいろ問いかけるが、六兵衛は無言である。

さては無言の行（むごんのぎょう）かと心得た旅僧。しからば無言で問答しようと、両手の人差し指と親指で輪をこしらえて前へ突き出した。とたんに六兵衛、くわっと目を開き、両手で大きな輪を描いた。旅僧は次に両手を開いて十本の指を前へ突き出す。六兵衛は右手の五指を広げて見せる。今度は旅僧が三本の指を突き出してきたのを見て、六兵衛は大きく赤んべえをした。旅僧、「はァーッ」と両手をついて逃げるように去っていった。

このやりとりを見ていた男が、旅僧を追っていって今の問答の意味を聞いた。最初に指で輪をこしらえて「和尚の胸中は」と聞いたところ、答えは大きな輪をもって「大海のごとし」。十本の指を出し「十方世界は」と問えば、五指を広げて「五戒で保つ」。最後に三本の指を指し出し「三尊の弥陀は」と問うたならば「目の下にあり」と返された。これは大変な名僧である、と平伏して退散したのであった。

そこで男が今度は六兵衛に聞くと、「『おまえの家のこんにゃくは、こんなに小さいだろう』というから『こんなに大きいぞ』。『10丁でいくらだ』と聞くから『500文だ』と答えたら、『300文に負けろ』と言うから『アカンベェ』」。

【例1】は、主語を省略したための誤解です。笑い話ですから誤解にも誇張はありますが、似たような勘違いは日常でも、もちろんソフトウエア文章でも、大いに起き得るのです。

【例2】は「こんにゃく問答」という落語のネタです。多少難しいかもしれませんが、両者がまったく違った解釈をしていながら、ともに筋が通った会話が成立したと思っています。それぞれの蓄積している経験や知識が異なっていたので、このような認識の差が生まれたのです。

私たちは、自分以外の世界を自分の経験、自分の枠の中から観察しています。それだけではなく、積極的に自分の枠を変貌させてまで、外界を確実なものと信じようとします。旅僧は袈裟を着たこんにゃく屋を寺の住職だと思い、無言の行の最中だと思いこんで、問答を始めました。一方こんにゃく屋は、旅僧の問いかけがこんにゃくの話だと解釈し、疑うことをしません。

本書の第1章で、読み手が「意味の受け容れから入り、自らの常識を組み替えてまで解釈する」場合があることを紹介しました。こんにゃく問答も、登場人物が身振りの意味を受け容れて、それぞれ自分なりの解釈をしてしまった話です。書き手、話し手の立場においては、読み手の常識を考慮すること、そして、意味を先に受け容れさせず、新しい解釈を与えない用心深さを持つことが必要です。

こうした誤解は、ソフトウエアの世界でも頻繁に起きます。システムは完成したものの要件に合っていなかったとか、要件定義の段階で何度もやり直しを繰り返したとか、たびたび要件が変更されて予算が超過したと言った話は、数えればキリがありません。

なぜ相互理解が成立しないのか。その原因には、発注者（取得者）側の文章力に起因していることが少なくありません。あいまいだから、開発の局面が進んで機能が具体的になると、自分の考えと違うと思えるようになるのです。開発者（供給者）側は「それなら最初からそのように言ってほしい」と思うのが当然でしょう。

誤解のないRFPを書くことは、それほど難しいものではありません。要点が分かっていれば、必ず書けるようになります。

8-2 システムの世界での誤解

これもまた笑い話になりますが、クリストファー・アレクサンダー教授の著書『オレゴン大学の実験』注1)の中に、有名なブランコの漫画があります（図8-1）。情報システム開発における要求仕様作りの難しさを端的に示す例として、さまざまな本や論文で引用されています。

「顧客が説明した要件」は次のようなものです。
① それは木の枝に2本のロープでつながれている。
② 2本のロープの下には、腰掛けるためのものがある。

図8-1●「ブランコ」のさまざまな解釈（日本語訳は筆者による）

プロジェクト・リーダーがこの発注要件を聞いて理解したのが、上段の左から2番目です。顧客の要件には確かに合致している点がミソです。

顧客はこの要件を見て、機能が足りないことに気づき、次の要件を付け加えました。

③ 腰掛けるためのものは、前後に揺れなければならない。

システム・アナリストはこの要件を付け加えて、樹の幹を切ってしまいます。上段の中央の図です。プログラマが作成したコードは、樹に2本のロープがつながれているという要件だけを満たしています。コンサルタントは贅沢な腰掛けが用意できたと説明します。以下、説明は略しますが、右下の絵が本来顧客が求めていたものなのです。

8-3 要求仕様文章のコツ

誤解を招かないRFPを作成するには、一定の法則があります。これまで本書で説明してきたソフトウエア文章の作法と一部重複しますが、あらためて11カ条に整理しました。

① 文章は短くする。短いほど分かりやすい。人の記憶は限界があるので20単語以上の文章は避ける。(例)「象　は　鼻　が　長い」…単語五つと数える

② 単一の文章で二つ以上の要求を表現してはならない。文章中に「そして」を使うことは避ける。それは二つ以上の要求やコンセプトが議論されていることを意味するからである

③ 読み手がすべて理解できる確信がない限り、「業界用語、略語」を使用してはならない

④ 情報の順序を表現するためにはできるだけ、箇条書きを活用したり、表や図を用いたりする

⑤ 一貫した用語を用いる。特に異なった人々が一つの内容をまとめる場合

は、データ・ディクショナリを準備し活用するとよい

⑥ 以下の述語には一貫した意味を持たせる

「する」　　　→要求が絶対的であることを意味する

「べきである」→要求が望ましい場合、しかし絶対的でないことを意味する

「であろう」　→外部から提供されるであろう何かを示す

「なければならない」→使用しない。用いる場合「する」と同義とする

⑦ 要求を、ネスト形式の条件文で表現してはならない。例えば「もしXであり、または、もしYであれば○○を行い、さもなければ、もしZであれば△△、さもなければ□□」といった表現は、非常に誤解を生じやすい

⑧ 受動的でなく能動的に表現する。特に人やシステムのアクションを記述する場合には、能動形で記述する。ソフトウエア文章は主格なしに記述されることが多いためである

⑨ 自然言語による記述で、複雑な関係を表現しようとしてはならない。できるだけ図を用いる

⑩ 関連番号のみの参照を用いてはならない。他の要求、表、図を参照する場合には、参照番号とともに、何を参照しようとしているかを簡単に付記すること

⑪ スペルや文法に注意を払うこと。スペルや文法の間違いは文章の意味を変えてしまう。常にスペル・チェッカーを用いる

さらに、RFPを書く場合に明記しなければならない要素を、具体的に挙げます。

レスポンス・タイム

最も重要で複雑な一つのアプリケーションを動かした場合の、レスポンス・タイムを一定限度の中に入るように要求します。

例えば「受注登録プログラムを動かし、3秒以内に処理完了すること」のように明記します。1台の端末ですべての入力作業を行う場合はこれでよい

のですが、複数台の端末から入力する場合は、次のようにもっと条件の明確化が必要です。

「同時にN台の端末から入力したとき、90%以上が3秒以内で処理完了すること」

Nをいくつにするかは、そのシステムに入力される端末の総台数によって決まります。要件としては具体的な数字を提示する必要があります。仮に5台とすれば、1時間では6000件を処理できる相当に大きなシステムになります。

さらに、通常のシステムでは他の処理も並行して運用することが多いですから、その条件をも明確にする必要があります。

「プログラムAとプログラムBの処理をしながら、同時にN台の端末から入力を行い、90%以上が3秒以内で処理完了すること」

と言うようになります。次のような書き方は悪い例です。

「通常多種多様なプログラムが流れる中で、最も重要な入力処理の90%以上が3秒以内で処理完了すること」

これでは条件設定が明確でなく、テスト・ケースを厳密に作れません。成果物を受け取った時、要求条件が満たされているかどうか確認できないでしょう。

条件設定によって、準備しなければならないハードウエア、ソフトウエアは著しく異なります。本当にその条件が必要か、テスト時に要求が満たされていることを検証可能な条件設定かどうか、確認した上で要求する必要があります。

ターンアラウンド・タイム

ターンアラウンド・タイムとは、入力されたデータが、処理されて結果が手元に戻るまでの時間のことです。ここでは、1日の就業後に営業報告を締め切って、当日分を集計するシステムのケースで考えてみます。

① 翌日の朝、始業時に昨日の日報が届けばよい場合

システムの仕組みとしては比較的簡単で、データベースから当日到着分の

データを抜き出して集計すれば十分です。一般には、月報（月次）の処理プログラムの一部を変更することで対応できます。

RFPにおいては、マスター・データベースに含まれるデータ量を規定し、処理開始から完了までの時間を、例えば1時間以内などと明確に指定する必要があります。

② 当日の作業終了後、即時に（例えば1分以内に）結果を知りたい場合

当日分を即時集計する特別な仕組みが必要になります。即時に知りたい情報、例えば商品項目別、仕入先売上高などを、明確に指定しておかなければなりません。また前日のデータを訂正する場合の処置なども、きめ細かく決めておく必要があります。

稼働率

24時間365日連続で無停止運転するシステムというのは、希望としては分かりますが、現実の複雑なシステムでは事実上実現不可能なものです。平日は24時間稼働が必要なのか、休日は停止するのかなど、運用形態と各種の停止要因、実行可能な対策を見極め、稼働目標値を設定しておく必要があります。

① バックアップ機を持たない場合

システムの複雑度にもよりますが、一般に99%以上の稼働率を目指すのは無理があります。もし停止した場合でも、再稼働のための目標時間、修理復元のための目標時間などを決めておき、稼働停止による損害を最小にする努力をする必要があります。

② バックアップ機を持つ場合

ライフラインの制御など絶対に停止することが許されない場合は、二重に、場合によっては三重にバックアップ機を持つ必要があります。

バックアップ機へ瞬時に切り替え、停止したことを利用者に感じさせないことが必要なのか、数分程度の停止時間は許されるのか、などの条件によって、必要な費用と管理体制が大きく異なります。

バックアップ機を持っても、ウイルスによる停止、プログラム障害の発生などにはほとんど効果がないケースもあります。システム停止時の対策をリスク対策として確保しておかなければなりません。

要求工期と品質目標

システム開発の工期は、システムの内容、開発に使用する言語、ツール、プロジェクト管理方法、開発者の能力などさまざまな要因があり、一概に決めにくいものですが、一般にはシステムの発注者（取得者）の要望で決まります。とは言え、開発規模内容に対して不可能と思われる短工期を要求してはなりません。

システム開発は発注側にも多くの作業責任が生じますので、短工期になればなるほど、一定期間内の自社の責任作業も増加することを認識しておく必要があります。そのうえで、それに見合った対策を立てる必要があります。

ユーザー企業ではRFPに品質目標を明記する際、稼働後の障害発生頻度を尺度にしているケースが多いようです。むしろ納入時から、受け入れテスト、総合テストを経て、安定稼働まで、トータルな工程、局面を通じての障害発生を抑える品質目標を設定しておく必要があります。

完成後のシステム品質は、発注者が出す要求仕様書の出来栄え、システム・レビューへの参画、テストへの協力体制などによって決まるものであり、契約目標とするよりも発注者（取得者）、開発者（供給者）の努力目標として、両者がお互いに努力し合うことが望ましいと考えられます。

価額についての考え方

RFPに明記すべき項目の最後に、コストの条件を忘れてはなりません。工数契約（委任契約あるいは派遣契約）の場合と、一括委託契約の場合では、考え方が異なります。

① 工数契約

特定の能力あるいは人を対象に契約する場合は、その人の能力に応じた契

図8-2●同等の見積額の提案を見極める

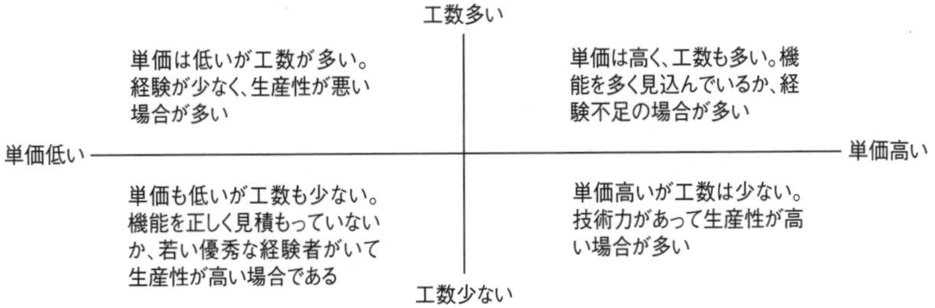

約金額になります。発注者と受託者の合意の金額です。この種の契約では、例えばJavaプログラムが組めるなど、一定の業務ができればよく、特に個別の人を対象にしない場合は、世間相場が一つの基準になります。

② 一括契約

発注者はどの程度の工数がかかるのか、特定の能力が要求される仕事なのか、などの条件を勘案して競争入札を行い、技術力、体制、過去の実績などを総合評価して、入札者と見積金額を決めることになります。一つの目安は「工数×単価×生産性＝見積金額」でしょう。

結果的に見積金額がほぼ同じ提案が複数あった場合には、図8-2のどこに該当するのかを見極めなければなりません。一般的には、工数が少なく生産性の高い企業に任せた方が、技術力があって信頼できると考えられています。

注1） Alexander C.著、宮本雅明訳『オレゴン大学の実験』、鹿島出版会、1977年（原題：“The Oregon Experiment”）

9章

テストで文章作法の理解度を確認

ここまで文章作法や査読（レビュー）のポイントなどについて解説してきました。皆さんはどれくらい、理解できたでしょうか。この章ではチェックテストを通じて、皆さんの理解度を測ってみましょう。

以下では、改善すべき箇所がある例文を紹介します。全部で50問です。それぞれについて改善すべき部分を見つけ、正しい文章に修正してください。本章の後半で、それぞれの解答例を解説します。

9-1 問題

〈問1〉 社長のカルロス氏の右腕をやられた有名人のXさん

〈問2〉 拝見させていただきます。

〈問3〉 生憎、その日はスケジュールが入っています。

〈問4〉 これは500円玉です。

〈問5〉 今回のテストで以下のような現象が確認された。

〈問6〉 ユーザーによりデータが入力される。

〈問7〉 今回のプロジェクトは短期間で完成させる。

〈問8〉 DNSサーバーとクライアントの間で疎通確認をする。

〈問9〉 遅ればせながら○○を開催します。
下記日程のいずれかにご参加いただけますでしょうか。

スケジュールが合わないようでしたらご連絡ください。
1/27　10：00-12：30
1/30　10：00-12：30

〈問10〉 私には役不足です。

〈問11〉 クライアント機を個別に一括ログオンします。

〈問12〉 EclipseやVisual Studioなどの無償・有償のIDEを使いすべての作業がIDE上でできる。

〈問13〉 来週月曜日にご案内しておりましたキックオフミーティングの開催日です。

〈問14〉 色調補正をしてしまうとあとから補正前の状態に戻したくてもできなくなってしまいます。

〈問15〉 スクリーンツールとは、部分的にシンボルの透明度を変更することができるツールです。

〈問16〉 弊社は、当部門の新情報システムについて、次の3点をご提案申し上げます。
①できるだけコストをかけず、コンパクトなシステムにすること
②誰でも操作できる簡単なものとすること
③品質管理を強化できるようにすること

〈問17〉 相対参照の特徴について説明する。
1. 相対的な位置にあるセルを参照するものである

2. 数式をコピーすると参照関係は調整されるものである

〈問18〉 調整レイヤーを削除するには通常のレイヤーと同じ様に削除マークに調整レイヤーをドラッグアンドドロップします。

〈問19〉 次の会議の場所の会議室Aの予定について、会議室予約システムで空き部屋を検索したところ、希望していた○月○日の○時からは空いておりませんでした。開発部の日経さんがチームミーティングの予約を入れていました。空いているのは、○時からですのでそうしたいと思います。

〈問20〉 これまでのパソコンにはない新しい機能一覧

〈問21〉 更新が終わらないうちにパソコンの電源を切らないでください。

〈問22〉 すべての製品が検査に合格したわけではない。

〈問23〉 商品コードが1000ではなく、あるいは、2000ではないレコードをマスターから削除する。

〈問24〉 グループの作成ができたら、ユーザーの登録を行う。

〈問25〉 ActiveDirectoryでプリンタの検索を行う。

〈問26〉 分析機能を使うためには、分析ツールを追加インストールして使う。

〈問27〉 あらかじめ予定されていた予定をスケジュール帳に登録します。

〈問28〉 作成したデータを保存するために、ハードディスクに書き込みする。

〈問29〉 弟は兄のように手先が器用ではない。

〈問30〉 全然大丈夫です。

〈問31〉 PCとプロジェクターをつなぐケーブルを用意してください。

〈問32〉 田中さんの本を借りる。

〈問33〉 イチゴ通信10号をメールにてお送りいたします。

〈問34〉 サーバーは触らないでください。

〈問35〉 手すりの土台の30ミリ下げたところに描きます。

〈問36〉 来週には印刷された教材資料が配布される予定ですので、印刷物がお手元に届いた際には電子データを削除していただくよう依頼がきておりますので、ご対応お願いいたします。

〈問37〉 A様よりB様よりC様宛てのご連絡をお願いしていると伺っております。

〈問38〉 参照先をこの回で紹介しているコマンドは省略しております。

〈問39〉 日付を入力・修正する場合は、カレンダーを表示し選択することができます。

〈問40〉 データを入力しながら疲れるとスタッフが茶をもってきてくれた。

〈問41〉 同期アイコンをクリックしたら同期を開始したがすぐにエラーが発生した。

〈問42〉「オブジェクト」とは、描画ソフトで描画した図形や、配置した画像のことを言いますが、キーボードの Alt キーを押しながらこの「オブジェクト」をドラッグすると、簡単にコピーすることができます。

〈問43〉 ハードウエアの容量を多く使わなくても良いこととなる。

〈問44〉 あらかじめ用意されているカスタムテンプレートを利用してカスタムテンプレートを修正することで、オリジナルテンプレートを作成することができます。

〈問45〉 IDEを導入することにより、開発作業をすべてIDE上で行うことができるようになり、巨大なソフトウエアでもプログラマに負担をかけることが少なくなったため、ソフトウエア開発において必須のことといえるものになっている。

〈問46〉 御社の入金は、主に銀行振込によっています。手作業で印刷された台帳を手作業で消し込むのは、まったくの無駄です。入金額をキーにして検索すれば、瞬時に新しいシステムでは消し込むことができます。

〈問47〉 プログラミングとは、プログラムを作成して、コンピュータに指示を与えることであるが、プログラミングにはプログラミング言語が使用され、その処理をコーディングという。

〈問48〉ツールが選択されている状態で、Alt キーを押しながらクリックすると縮小され、Alt キーを押さずにクリックするとシンボルが拡大されることとなります。

〈問49〉下記にて、開催致し度、ご出席の程、宜しくお願い致します。

〈問50〉殻に閉じこもる上司が業績が落ちている現状から部下とのやりとり、組織効率などを含めた話でした。

9-2 解説と解答例

●敬語に関する問題

〈問1〉社長のカルロス氏の右腕をやられた有名人のXさん

解説：敬語を間違えています。「する」の尊敬語は「なさる」です。

解答例 カルロス社長の右腕をなさったXさん

〈問2〉拝見させていただきます。

解説：二重敬語になっています。「見る」の謙譲語は「拝見する」です。また、「拝見する」と「いただく」で二重敬語となっています。「させていただく」はあまり使わないほうがよいでしょう。文化庁の「敬語の指針」が参考になります。

解答例 拝見します。

●ビジネス表記に関する問題

〈問3〉 生憎、その日はスケジュールが入っています。

解説：接続詞は、ひらがな表記です。「あいにく」とひらがなにします。「または」「かつ」などもひらがな表記です。

解答例 あいにく、その日はスケジュールが入っています。

〈問4〉 これは500円玉です。

解説：数字の表記に関する問題です。名詞の場合は、五百円玉と漢字表記になります。1、2、3と増えていく番号や、100グラムなどの単位は、算用数字で書きます。

解答例 これは五百円玉です。

●文体に関する問題

〈問5〉 今回のテストで以下のような現象が確認された。

解説：主語が明確な実用文章は能動態で書きます。今回のテストを実施したのは、書き手側であるので「現象を確認した」と能動態で書きます。

解答例 今回のテストで以下のような現象を確認した。

〈問6〉 ユーザーによりデータが入力される。

解説：主語が明確な実用文章・技術文章は、能動態で書きます。

解答例 ユーザーがデータを入力する。

●あいまい表現の問題

〈問7〉 今回のプロジェクトは短期間で完成させる。

解説：「短期間」というのはどのくらいの期間なのか分かりません。感覚的、概念的な表記はさけましょう。たとえば「3カ月で」というように数値で明確に表現しましょう。

解答例 今回のプロジェクトは、3カ月という短期間で完成させる。

〈問8〉 DNSサーバーとクライアントの間で疎通確認をする。

解説：「疎通確認」が抽象的です。これが指示書の文章であれば、スキルの違う相手にも理解できるよう、詳細に書きましょう。

解答例 DNSサーバーとクライアントの間を、pingコマンドを使い疎通確認する。

●5W1Hの問題

〈問9〉 遅ればせながら○○を開催します。
下記日程のいずれかにご参加いただけますでしょうか。
スケジュールが合わないようでしたらご連絡ください。

1/27　10：00-12：30
1/30　10：00-12：30

解説：何についての開催なのか、記載されていません。情報伝達文は、5W1Hを意識して書きましょう。ここでは大きな問題にはなりませんが日付には曜日を入れておくとよいでしょう。

解答例　○○の説明会のスケジュールは以下の二つになりました。
ご都合のよいほうにご参加くださいますようお願いします。
1/27（○曜日）10：00-12：30　会議室A
1/30（○曜日）10：00-12：30　会議室B
スケジュールが合わないかたは、事務局までご連絡ください。
事務局のメールアドレス：○○@○○○○　電話：03-1234-XXXX

●用語の利用に関する問題

〈問10〉私には役不足です。

解説：役不足とは、俳優などが割り当てられた役に不満を抱いたり、力量に比べて役目が不相応に軽かったりすることを意味します。よほどのことでない限り、自ら「役不足」と伝えるケースはありません。正しい意味で使っているか気をつけましょう。

解答例　私には力不足です。

〈問11〉クライアント機を個別に一括ログオンします。

解説：「個別」と「一括」は相反する言葉です。

解答例 クライアント機を1台ずつ順にログオンします。

●読み手が疑問を持つ文章に関する問題

〈問12〉 EclipseやVisual Studioなどの無償・有償のIDEを使いすべての作業がIDE上でできる。

解説：読み手は、EclipseやVisual Studioのどちらが無償でどちらが有償か分かりません。「無償のEclipse、有償のVisual StudioなどIDE（統合開発環境）を使います。」としたほうが、理解しやすいでしょう。また、無償・有償という用語は、何かをしたことに対してお金が発生するかどうかの表現です。「無料・有料」のほうが望ましいと考えます。

次に、すべての作業というのは何をさすのかが不明です。例えば、「コードエディタやコンパイラ、デバッガ、バージョン管理などのソフトウエア開発に必要な環境を一つに組み合わせている」というように明確に記載しましょう。

解答例 開発は、無償のEclipse、有償のVisual StudioなどIDE（統合開発環境）を使います。IDEは、コードエディタやコンパイラ、デバッガ、バージョン管理などのソフトウエア開発に必要な環境を一つに組み合わせてあります。

〈問13〉 来週月曜日にご案内しておりましたキックオフミーティングの開催日です。

解説：過去と未来が混在しており、読み手の理解に時間がかかります。

解答例 先週の月曜日にご案内しておりましたキックオフミーティングの開催日です。

解答例 ご案内しておりましたキックオフミーティングの開催は、来週○月○日（月曜日）です。

●回りくどい表現の問題

〈問14〉 色調補正をしてしまうとあとから補正前の状態に戻したくてもできなくなってしまいます。

解説：「してしまうと」「戻したくてもできなくなってしまいます」と回りくどい表現になっています。技術文章は簡潔に書きましょう。「色調補正をすると、補正前の状態に戻せません」と簡潔な表現にします。さらに、肯定表現にしたほうがよいので、「色調補正は最後に行います」という肯定文を前に付け加えたほうが望ましいでしょう。

解答例 色調補正は最後に行います。色調補正をすると、補正前の状態に戻せません。

〈問15〉 スクリーンツールとは、部分的にシンボルの透明度を変更することができるツールです。

解説：「することができる」と「こと」を文中に使うと回りくどい表現になります。「こと」を削除し、簡潔な表現にします。また、理解しやすくするため語順を変更します。

解答例 スクリーンツールで、シンボルの透明度を部分的に変更します。

●文末表現についての問題

〈問16〉 弊社は、当部門の新情報システムについて、次の3点をご提案申し上げます。

①できるだけコストをかけず、コンパクトなシステムにすること
②誰でも操作できる簡単なものとすること
③品質管理を強化できるようにすること

解説：文末に同じ「こと」という文言が続いています。「こと」は本来「事と次第によっては考える」というように利用されていましたが、実質的な意味が薄れてしまった名詞です。このように箇条書きで末尾に同じ文言が続くと、続く言葉のほうが目立ってしまい文章の目的が薄れてしまいます。「こと」を削除しましょう。

解答例

①費用は500万円以下にする
②操作は誰でもできるよう簡単にする
③品質管理を強化する

〈問17〉 相対参照の特徴について説明する。

1. 相対的な位置にあるセルを参照するものである
2. 数式をコピーすると参照関係は調整されるものである

解説：文末に同じ「ものである」という文言が続いています。箇条書きで末尾に同じ文言が続くと、続く言葉のほうが目立ってしまい文章の目的が薄れてしまいます。思い切って、「ものである」を削除しましょう。

解答例

①相対的な位置にあるセルを参照する
②数式をコピーすると参照関係は調整される

●不要な情報を含んでいる文の問題

〈問18〉調整レイヤーを削除するには通常のレイヤーと同じ様に削除マークに調整レイヤーをドラッグアンドドロップします。

解説：「通常レイヤーと同じ様に」は、不要な情報です。さらに、語順を変更し、何をどこに持っていくのかとしたほうが読み手は理解しやすくなります。例えば、「歳の数のローソクが並んでいる」より「ローソクが歳の数、並んでいる」のほうが読み手は頭の中で想像しやすいので理解しやすくなります。

解答例 調整レイヤーを削除するには、調整レイヤーのアイコンを削除マークにドラッグアンドドロップします。

〈問19〉次の会議の場所の会議室Aの予定について、会議室予約システムで空き部屋を検索したところ、希望していた○月○日の○時からは空いておりませんでした。開発部の日経さんがチームミーティングの予約を入れていました。空いているのは、○時からですのでそうしたいと思います。

解説：「会議室予約システムで空き部屋を検索したところ」「開発部の日経さんがチームミーティングの予約を入れていた」というのは不要な情報です。その上、結論が先頭に書かれていません。次回の会議の予定を先頭に書くべきです。さらに、「そうしたいと思う」の表現も適切ではありません。ビジネス文書では「思う」「考える」はなるべく使わないようにします。「思う」は表現が弱くなってしまいます。「思う」を利用したい場合は「所存です」という言葉があります。

例文 次の会議は、○月○日○時から、会議室Aで開催します。

●表現方法（肯定・否定）の問題

〈問20〉 これまでのパソコンにはない新しい機能一覧

解説：「これまでのパソコンにはない」という否定文になっています。否定文は肯定文にしましょう。この文章をアウトライン機能があるワープロで目次に指定した場合、不自然な目次の文言となります。

例文 パソコンの新機能

〈問21〉 更新が終わらないうちにパソコンの電源を切らないでください。

解説：否定文は肯定文にします。否定文を使うと読み手のモチベーションが下がることが分かっています。強い禁止の場合などを除き、一般的に依頼文・命令文は、肯定表現にしましょう。

解答例 更新が終了してからパソコンの電源を切ってください。

〈問22〉 すべての製品が検査に合格したわけではない。

解説：部分否定になっています。一部は検査に合格したが、一部は検査に不合格であったという二つの意味になってしまいます。どのくらいが検査に合格したのか明確に、肯定文に修正します。

解答例 98％の製品が検査に合格した。

●日本語が正しくても技術が正しいとは限らない問題

〈問23〉 商品コードが1000ではなく、あるいは、2000ではないレコードをマスターから削除する。

解説：この条件を実施するとテーブルからすべてのレコードがなくなってしまいます。日本語が正しいからといって技術が正しいとは限りません。特に、条件文では否定表現を利用しません。条件文は数式を書く、決定表を作成するなど文章以外の表現を追加しましょう。

解答例 商品コード＜＞1000 、商品コード＞1000 などの数式を追記しましょう。

●動詞の使い方の問題

〈問24〉 グループの作成ができたら、ユーザーの登録を行う。

解説：動詞の「登録」を名詞的に利用したので、文末が回りくどい表現になっています。

解答例 グループの作成ができたら、ユーザーを登録する。

〈問25〉 ActiveDirectoryでプリンタの検索を行う。

解説：動詞の「検索」を名詞的に利用したので、文末が回りくどい表現になっています。

解答例 ActiveDirectoryでプリンタを検索する。

●重複表現の問題

〈問26〉 分析機能を使うためには、分析ツールを追加インストールして使う。

解説：「使うためには」と「使う」が重複しています。重複を削除し、簡潔にしましょう。

解答例 分析機能を使うには、分析ツールをインストールします。

〈問27〉 あらかじめ予定されていた予定をスケジュール帳に登録します。

解説：「あらかじめ」、「予定されていた」、「予定」は同じ意味です。重複を削除し、簡潔にしましょう。

解答例 予定をスケジュール帳に登録します。

〈問28〉 作成したデータを保存するために、ハードディスクに書き込みする。

解説：この文では、「保存する」と「書き込みする」が同じ意味となります。

重複を削除して、簡潔にしましょう。

解答例 作成したデータをハードディスクに保存する。

●係り受けの問題

〈問29〉 弟は兄のように手先が器用ではない。

解説：係り受けが不適切なので、複数の意味に取れる多義文となっています。以下の二つの意味に取れます。

・兄は手先が器用だが、弟は手先が器用ではない。
・兄も弟も両方とも手先が器用でない。

「～ように」は、肯定文で受けます。

解答例 弟は兄と同じように手先が器用である。

〈問30〉 全然大丈夫です。

解説：係り受けを間違っています。「全然」は否定文で受けます。例えば、「全然おいしくない」というように係り受けは否定文とします。

解答例 全然、大丈夫ではありません。

●多義文の問題

〈問31〉 PCとプロジェクターをつなぐケーブルを用意してください。

解説：この文章は二つの意味に解釈できます。

・用意するのは、PCのほかにPCとプロジェクターをつなぐケーブルの2種類である。
・用意するのは、PCからプロジェクターの間をつなぐケーブルだけである。

原因は「と」にあります。「と」は「または」「かつ」の二つの意味に解釈できます。

例えば、「東京と大阪に住んでいる人」といいますが、これは「東京または大阪に住んでいる人」という意味になります。「りんごとみかんを持っている人」の場合は、「りんごとみかんの両方を持っている」という意味となります。このような多義文を避けるには、「と」のかわりに、起点を示す助詞「から」を利用すると一文一意になります。

解答例

1. PCからプロジェクターの間をつなぐケーブルを1本用意してください。
2. ノートパソコン1台、パソコンとプロジェクターをつなぐケーブル1本を用意してください。

〈問32〉 田中さんの本を借りる。

解説：複数の意味になる「多義文」です。本来、助詞「の」は、「私が持っているカバン」というように主に「所属」を表す助詞です。「の」を多用しないようにしましょう。

解答例 以下の三つの意味に解釈されます。解釈が一つしかない文章にしましょう。

1. 田中さんが持っている本を借りる
2. 田中さんのことが掲載されている本を借りる
3. 田中さんが著作した本を借りる

●助詞の問題

〈問33〉イチゴ通信10号をメールにてお送りいたします。

解説：「にて」は文語調です。口語調で書きましょう。

解答例 イチゴ通信10号をメールで送信いたします。

〈問34〉サーバーは触らないでください。

解説：助詞「は」には、主題を暗黙に対比するという機能があります。サーバーには触らないでほしいが、他の機器は触ってよいという意味になってしまいます。

解答例 サーバーをはじめとする、すべての機器に触らないでください。

〈問35〉手すりの土台の30ミリ下げたところに描きます。

解説：助詞「の」の使い方が不正です。この場合は、起点を示す「から」を使います。「の」は所属を示す助詞で、私の本というように使います。

解答例 手すりの土台から30ミリ下げたところに描きます。

〈問36〉 来週には印刷された教材資料が配布される予定ですので、印刷物がお手元に届いた際には電子データを削除していただくよう依頼がきておりますので、ご対応お願いいたします。

解説：理由を示す助詞「ので」を1文章の中で二つも使い、文を長くしています。最初の「ので」の結論を述べないままに、また「ので」を利用しています。一文一意にしましょう。「印刷された」「配布される」と受動態になっています。印刷物が届いたら電子データを削除してほしいという依頼文ですので能動態で書きましょう。

解答例 来週には教材資材を印刷物で配布します。印刷物がお手元に届いたら電子データを削除してくださいますようお願いします。

〈問37〉 A様よりB様よりC様宛てのご連絡をお願いしていると伺っております。

解説：「より」が続き、だれがC様に連絡を依頼したのか不明です。「より」は「10より大きい」「20より小さい」というように比較を意味する助詞です。別の助詞を利用しましょう。

解答例 A様から、B様がC様に連絡をしてくださると伺いました。

●品詞の順序についての問題

〈問38〉 参照先をこの回で紹介しているコマンドは省略しております。

解説：語順が不正であるので、読み手は理解に苦しみます。

解答例 この回ですでに参照先を紹介したコマンドは、使用法の参照先を省略しております。

●文のねじれの問題

〈問39〉 日付を入力・修正する場合は、カレンダーを表示し選択することができます。

解説：「～する場合は、～することができます。」となっており文のねじれが起きています。「日付を入力・修正する場合の方法は」で始まっているのに「選択することができる」で終わっています。

解答例 日付を入力・修正するには、カレンダーを使います。

〈問40〉 データを入力しながら疲れるとスタッフが茶をもってきてくれた。

解説：データを入力している人のことを書き始めているのに、スタッフのことで文が終わっています。こういう状態を「文のねじれ」といいます。データを入力しているのが自分であれば、「私」というように主語を明確にしましょう。

解答例 スタッフは、データ入力で疲れた私をみると、お茶を持ってくる。

●一文一意の問題

〈問41〉 同期アイコンをクリックしたら同期を開始したがすぐにエラーが発生した。

解説：助詞「が」を使い、一つの文章に二つの事柄が入っています。助詞「が」には、「しかし」という逆説と、文と文をつなぐ糊の役割の二つがあります。「が」「して」「ので」などを使い文をつなぐがないようにしましょう。一つの文には一つの事柄を書きます。

解答例 同期アイコンをクリックしたら同期が始まった。しかしすぐにエラーが発生した。

〈問42〉「オブジェクト」とは、描画ソフトで描画した図形や、配置した画像のことを言いますが、キーボードの Alt キーを押しながらこの「オブジェクト」をドラッグすると、簡単にコピーすることができます。

解説：助詞「が」を使い複数の文をつないでいます。一つの文章には一つの事柄を書きましょう。さらに、分かりやすくするために、2文目の語順を変更するとよいでしょう。

解答例 「オブジェクト」とは、描画ソフトで描画した図形や、配置した画像のことです。オブジェクトをコピーするには、Altキーを押しながらドラッグします。

●複数の問題を抱えている文の問題

〈問43〉 ハードウエアの容量を多く使わなくても良いこととなる。

解説：以下の3点を修正します。
1.「多く」はあいまいな表現です。どのくらいか数値で明確に記載しましょう。
2. 文中に「こと」を使うと回りくどくなります。技術文章は簡潔に書きます。「こと」は削除しましょう。
3. 善悪ではないので「良い」はひらがなで表記します。

解答例 ハードウエアの容量を20%節約できる。

〈問44〉 あらかじめ用意されているカスタムテンプレートを利用してカスタムテンプレートを修正することで、オリジナルテンプレートを作成することができます。

解説：以下の3点を修正します。
1.「することで」と、文中に「こと」を利用すると回りくどい表現になります。「こと」は削除します。
2.「することで〜することができます」は、回りくどい表現となります。
3.「カスタムテンプレートを利用してカスタムテンプレートを修正する」は重複した表現です。

解答例 あらかじめ用意されているカスタムテンプレートを修正して、オリジナルテンプレートを作成します。

〈問45〉IDEを導入することにより、開発作業をすべてIDE上で行うことができるようになり、巨大なソフトウエアでもプログラマに負担をかけることが少なくなったため、ソフトウエア開発において必須のことといえるものになっている。

解説：以下の4点を修正します。
1.「巨大な」は抽象的な表現です。
2.「ことといえるものになっている」と、文中で「こと」を利用すると回りくどい表現になります。「こと」は削除します。
3. 文のねじれが起こっています。一つの文章に複数の文を含んで長文になっているのが原因です。IDEを導入するという話で始まっているのに、ソフトウエア開発で必須であるという文末になっています。
4. 結論が最後に記載されています。先頭部分に書きましょう。

解答例 IDEの導入は、ソフトウエア開発では必須となってきている。デバッグなどを含む開発作業をすべてIDE上で行えるので、プログラマの負担も少なくなった。

〈問46〉御社の入金は、主に銀行振込によっています。手作業で印刷された台帳を手作業で消し込むのは、まったくの無駄です。入金額をキーにして検索すれば、瞬時に新しいシステムでは消し込むことができます。

解説：以下の6点を修正します。
1.「御社」は敬語を間違えています。書き言葉では「貴社」とします。
2.「まったくの無駄」は不要な表現です。削除します。
3.「ことができる」と、文中に「こと」を使うと回りくどい表現となります。「こと」は削除します。

4.「手作業で印刷された」は受動態になっています。
5. 入金消し込み業務にどのくらいの時間と手間がかかっているのか調査して数字で明確に記載しましょう。
6. 新しいシステムのメリットを強調するのであれば、結論部分を先頭に書きましょう。

解答例 新しいシステムでは、入金額をキーにして検索すれば、該当の売掛金が表示され、すぐに消し込むことができます。貴社の入金は主に銀行振り込みです。新しいシステムでは、1時間以内に消し込み作業が終了します。現在は、印刷した台帳を手作業で消し込みをしており、3時間かかっています。

〈問47〉 プログラミングとは、プログラムを作成して、コンピュータに指示を与えることであるが、プログラミングにはプログラミング言語が使用され、その処理をコーディングという。

解説：以下の3点を修正します。
1. 文のねじれが起きています。「プログラミング」について述べ始めたのに、「コーディングという」で終わっています。原因は、助詞「が」を使い複数の文をつないで長くしているからです。一文一意で書きましょう。「が」「ので」の助詞の部分で、思い切って文を切りましょう。そしてあえて、「しかし」というような接続詞を設定します。
2.「プログラムを作成して、コンピュータに指示を与える」は、語順を間違えています。文章として正しくても、技術が正しいとはいえません。
3.「プログラミング言語が使用され」と、受動態になっています。主語が明確な実用文章・技術文章では能動態で書きます。

解答例 プログラミングとは、コンピュータに指示を与えるプログラムを作成する作業です。プログラミングにはプログラミング言語を使用します。なお、プログラムを作成する作業をコーディングといいます。

〈問48〉 ツールが選択されている状態で、Alt キーを押しながらクリックすると縮小され、Alt キーを押さずにクリックするとシンボルが拡大されることとなります。

解説：次の6点を修正します。

1.「中止法」を利用し、一つの文の中に複数の文が含まれています。
中止法とは、「海は青く、砂は白く」というような表現です。

2.「押さずにクリックする」は、回りくどい表現です。クリックするだけにします。

3. 文の順が逆のうえ、否定文になっているので、読み手は理解に時間がかかります。

4. 受動態になっています。

5.「こと」は回りくどくなるので削除します。簡潔に書きます。

6. 文の順が不正です。先に通常の操作を記載したほうが読み手は分かりやすくなります。

解答例 ツールを選択したのちに、シンボルをクリックすると拡大します。Altキーを押しながらクリックすると縮小します。

〈問49〉 下記にて、開催致し度、ご出席の程、宜しくお願い致します。

解説：以下の3点を修正します。

1. 「にて」は、文語調です。「下記のように」とします。
2. 「致し」「度」「宜しく」「致します」はひらがな表記にします。
3. 一つの文には一つの事柄とします。

解答例 下記のように開催いたします。ご出席のほど、よろしくお願いいたします。

〈問50〉殻に閉じこもる上司が業績が落ちている現状から部下とのやりとり、組織効率などを含めた話でした。

解説：以下の2点を修正します。
1. 語順が不正で、書き手の意図が分からなくなっています。
2. 業績が落ちている現状は、上司なのか部下なのか不明です。

解答例 業績が落ちてしまい殻に閉じこもってしまった状態の上司がとる部下とのコミュニケーション、組織効率などのお話でした。

参考資料

- ソフトウエア関連工程コード一覧表
- 要求仕様書の記述例
- 開発委託用RFPの記述例
- 「現代仮名遣い」と「送り仮名」

参考資料　ソフトウエア関連工程コード一覧表

調査分析		基本設計		プログラム設計		環境整備		組合せテスト	
A01	研究学習	C01	受人検査	L01	受入検査	G01	受入検査	M01	受入検査
A02	予備調査	C02	基本構想確認	L02	仕様確認	G02	プロジェクト環境整備	M02	データ作成
A03	調査計画	C03	基本方式決定	L03	プログラム設計	G03	詳細設計環境整備	M03	テスト
A04	現地調査	C04	業務処理仕様	L04	検証	G04	プログラム設計環境整備	M04	テスト報告
A05	機能分析	C05	機能概要設計	L05	ユーザー検収	G05	プログラム作成環境整備	M05	テスト検証
A06	予備設計	C06	概略処理設計	L97	内部ミーティング	G06	テスト設計環境整備	M06	ユーザー検収
A07	費用効果分析	C07	検証	L98	ユーザーミーティング	G07	テストツール整備	M97	内部ミーティング
A08	調査分析書作成	C08	ユーザー検収	L99	その池	G08	単体テスト環境整備	M98	ユーザーミーティング
A09	検証	C07	内部ミーティング			G09	組合せテスト環境整備	M99	その他
A10	ユーザー検収	C98	ユーザーミーティング			G10	システムテスト環境整備		
A97	内部ミーティング	C99	その他			G97	内部ミーティング		
A98	ユーザーミーティング					G98	ユーザーミーティング		
A99	その他					G99	その他		

テクノロジー・オブ・アジア株式会社

マニュアル作成		現地調整		保守		インプットオペレーション	
I01	ユーザー マニュアル作成	P01	ハードウェア調整	K01	受入検査	Y01	業務分析・改善・ 教育
I02	オペレーション マニュアル作成	P02	基本設計	K02	仕様確認	Y02	月週作業計両
I03	リカバリー マニュアル作成	P03	詳細設計	K03	対象システム理解	Y03	作業指示・手配
I97	内部ミーティング	P04	プログラム設計	K04	保守設計	Y04	前準備処理
I98	ユーザー ミーティング	P05	プログラム作成	K05	プログラム作成	Y05	インプット オペレーション
I99	その他	P06	テスト設計	K06	テストデータ作成	Y06	後（チェック）処理
		P07	テスト環境整備	K07	テスト	Y07	トラブル・ 修正処理
		P08	単体テスト	K08	ドキュメント修正	Y08	マニュアル・ 資料整備
		P09	外部機器との組合 せテスト	K09	検証	Y09	I/Oデータ・ サプライ管理
		P10	実検・操業テスト	K10	ユーザー検収	Y99	その他
		P11	テスト報告	K97	内部ミーティング		
		P12	検証	K98	ユーザー ミーティング		
		P13	ユーザー検収	K99	その他		
		P97	内部ミーティング				
		P98	ユーザー ミーティング				
		P99	その池				

参考資料　ソフトウエア関連工程コード一覧表　続き

調査分析		基本設計		プログラム設計		テスト設計		単体テスト	
B01	受入検査	D01	受入検査	E01	受入検査	F01	単体テスト 仕様	H01	受入検査
B02	要員計画	D02	基本事項確認	E02	仕様確認	F02	組合せ テスト仕様	H02	データ作成
B03	設備計画	D03	信頼性設計	E03	プログラム 作成	F03	システム テスト仕様	H03	テスト
B04	資金計画	D04	コード設計	E97	内部 ミーティング	F04	検証	H04	テスト報告
B05	スケジュール	D05	機能設計	E98	ユーザー ミーティング	F97	内部 ミーティング	H05	テスト検証
B06	計画書作成	D06	画面設計	E99	その他	F98	ユーザー ミーティング	H06	ユーザー検収
B07	検証	D07	帳票設計			F99	その他	H97	内部 ミーティング
B08	ユーザー検収	D08	ファイル設計					H98	ユーザー ミーティング
B97	内部 ミーティング	D09	プログラム 分割					H99	その他
B98	ユーザー ミーティング	D10	検証						
B99	その他	D11	ユーザー検収						
		D12	伝送設計						
		D13	リンケージ 設計						
		D97	内部 ミーティング						
		D98	ユーザー ミーティング						
		D99	その他						

	システムテスト		修正		移行		マシンオペレーション		その他	
	N01	受入検査	J01	受入検査	Q01	受入検査	XOI	業務分析・改善・教育	Z01	プロジェクト運営管理
	N02	データ作成	J02	基本設計修正	Q02	ファイル移行	X02	月週作業計画	Z03	連絡報告
	N03	テスト	J03	詳細設計修IE	Q03	オペレーション	X03	作業指示手配	Z04	対外説明・交渉（見積り）
	N04	テスト報告	J04	プログラム設計修正	Q04	立合い	X04	前準備処理	Z05	研修・教育
	N05	テスト検証	J05	テスト設計修正	Q05	リカバリー	X05	オペレーション	Z06	移動
	N06	ユーザー検収	J06	プログラム修正	Q06	サポート	X06	後（チェック）処理	Z07	事務作業
	N97	内部ミーティング	J07	テストデータ作成	Q07	引継ぎ資料作成	X07	トラブル・リラン処理	Z08	納品作業
	N98	ユーザーミーティング	J08	単体テスト	Q97	システム評価	X08	マニュアル・資料整備	Z97	内部ミーティング
	N99	その他	J09	組合せテスト	Q98	教育指導	X09	I/Oデーターサプライ管理	Z98	ユーザーミーティング
			J10	システムテスト	Q99	内部ミーティング	X99	その他	Z99	その他
			J11	テスト報告		ユーザーミーティング				
			J12	検証		その他				
			J13	ユーザー検収						
			J97	内部ミーティング						
			J98	ユーザーミーティング						
			J99	その池						

要求仕様書の記述例

■記述項目

1. はじめに
    - 1.1 本書（要求仕様書）の目的
    - 1.2 関連文書
        - 1.2.1 上位文書
        - 1.2.2 参照文書
    - 1.3 表記法
    - 1.4 用語の定義
2. 開発目的
3. システムの用途と使用者
4. 実現されるべき機能
5. 実行環境
    - 5.1 動作環境
    - 5.2 使用環境
6. 要求範囲
7. 要求条件
    - 7.1 操作要件
    - 7.2 使用条件
    - 7.3 利用資源条件
    - 7.4 性能条件
8. 開発要件
    - 8.1 開発方法条件
    - 8.2 開発資源条件

■記述例

1. はじめに

    1.1 本書（要求仕様書）の目的

開発対象とするシステムに関する要求を記述し、開発プロジェクト全体に対する方向性を与える。本書は開発プロジェクト全体にわたって参照されるものである。

1.2　関連文書

1.2.1 上位文書

・現状分析調査資料

・RFP

・提案書

1.2.2 参照文書

・ベンダー提供の他社事例集　資料番号　＃xxxx

1.3　表記法

・当社文書規則に則る

1.4　用語の定義

2.　開発目的

現在電子メールを利用して行っている営業情報の収集と閲覧をWebシステムを用いて行う。このシステムの実現によって引合情報の収集を確実に行い、受注と失注との分析を行うことで市中の問題分析による受注確度の向上をはかる。

3.　システムの用途と使用者

このシステムは営業管理に用いる。使用者は主に営業部員である。またライン管理職と経営者は常に閲覧できる。

4.　実現する機能

・受注計画の入力と照会・変更

・引合情報の登録と照会・変更

・見積書作成機能

・受注・失注情報登録

・失注原因登録

・契約書作成機能（基本・個別）

5. 実行環境

5.1 動作環境

サーバーOS　Linux（Debianを想定）

RDBMS　Oracle Database 18c

Webサーバー　Apache　2.4 + Tomcat 9.0

ハードウエア　PCサーバー

5.2 使用環境

クライアントはブラウザーからのアクセスのみ。

ブラウザーは Internet Explorer 11　以上

6. 要求範囲

ユーザーインタフェースはブラウザーのみとする。定型化された入力項目はプルダウン機能を用いて作業を簡単にし、ミスをなくす。サーバーの管理はWASの管理画面を用いて行う。契約データは経理システムへ連携する。

7. 要求条件

7.1 操作要件

・半角・全角の入力判断はシステムで行う。

・入力データの妥当性検査はアプレットないしスクリプトで行い作業負荷を減らす。

・いったん登録されたデータはクライアント側のキャッシュから削除する。

7.2 使用条件

・同時にアクセスする人数は２０人を最大値とする。

・サーバーには他のシステムは稼働しない。

7.3 利用資源条件

・社内ネットワークを利用する。

・プロダクトはオープンソースを活用する。

7.4 性能条件

・最大人数接続時に3秒以内のレスポンスを実現する。

8. 開発要件

8.1 開発方法条件

・ブラウザー対応にはDTMLを用いる。

・ビジネスロジックにはJavaを用いる。

・統一プロセスによる開発を行う。

8.2 開発資源条件

・IDEにはEcripseを用いて開発を行う。

開発委託用RFPの記述例

■提案依頼のあいさつ

1.経営計画と新情報システムの導入予定。

2.情報システムの設計・開発・導入・保守に関する具体的なご提案をお願いする。

3.事前に取り交わした「機密保持契約」(NDA) の遵守を頼む。

■開発委託用RFPの目次見本

1.システム概要

1.1 経営計画と情報戦略システム

1.2 システム化の背景 ==> why

1.3 システム化の目的・方針 ==> what + how

1.4 解決したい課題

1.5　狙いとする効果

1.6　現行システムとの関連

1.7　会社・組織概要

1.8　新システムの利用者

1.9　予算

2.提案依頼事項

2.1　提案の範囲

2.2　調達内容・業務の詳細

2.3　システム構成

2.4　品質・性能条件

2.5　運用条件

2.6　納期およびスケジュール

2.7　納品条件

2.8　定例報告および共同レビュー

2.9　開発推進体制

2.10 開発管理・開発手法・開発言語

2.11 移行方法

2.12 教育訓練

2.13 保守条件

2.14 グリーン調達

2.15 費用見積

2.16 貴社情報

3.提案手続きについて

3.1　提案手続き・スケジュール

3.2　提案依頼書（RFP）に対する対応窓口

3.3　提供資料

3.4　参加資格条件

3.5　選定方法について

4.開発に関する条件

4.1　開発期間

4.2　作業場所

4.3　開発用コンピュータ機器・使用材料の負担

4.4　貸与物件・資料

5.保証要件

5.1　システム品質保証基準

5.2　セキュリティ

6.契約事項

6.1　発注形態

6.2　検収

6.3　支払条件

6.4　保証年数（瑕疵担保責任期間）

6.5　機密事項

6.6　著作権等

6.7　その他

添付資料（別紙）

別紙1 要求機能一覧

別紙2 ビジネスモデルとビジネスプロセス

別紙3 情報モデル

別紙4 現行ファイルボリューム

別紙5 現行ファイルレイアウト

「現代仮名遣い」と「送り仮名」

1．現代仮名遣い

平成22年11月30日　内閣告示第4号（筆者が一部編集した）

（1）原則に基づくきまり

語を書き表すのに、現代語の音韻に従って、次の仮名を用いる。常用漢字表に掲げられていない漢字及び音訓には、それぞれ＊印及び△印をつけた。

1）直音

例：あさひ（朝日）　きく（菊）　さくら（桜）　ついやす（費）　にわ（庭）　ふで（筆）　もみじ（紅葉）　ゆずる（譲）　れきし（歴史）　わかば（若葉）　えきか（液化）　せいがくか（声楽家）　さんぽ（散歩）

2）拗音

例：しゃかい（社会）　しゅくじ（祝辞）　かいじょ（解除）　りゃくが（略画）

［注意］拗音に用いる「や、ゆ、よ」は、なるべく小書きにする。

3）撥音　「ん」

例：まなんで（学）　みなさん　しんねん（新年）　しゅんぶん（春分）

4）促音　「っ」

例：はしって（走）　かっき（活気）　がっこう（学校）　せっけん（石鹸*）

［注意］促音に用いる「つ」は、なるべく小書きにする。

5）長音

［1］　ア列の長音　ア列の仮名に「あ」を添える。

例：おかあさん　おばあさん

［2］　イ列の長音　イ列の仮名に「い」を添える。

例：にいさん　おじいさん

［3］　ウ列の長音　ウ列の仮名に「う」を添える。

例：おさむうございます（寒）　くうき（空気）　ふうふ（夫婦）　う

れしゅう存じます　きゅうり　ぼくじゅう（墨汁）　ちゅうもん（注文）

[4] エ列の長音　エ列の仮名に「え」を添える。

例：ねえさん　ええ（応答の語）

[5] オ列の長音　オ列の仮名に「う」を添える。

例：おとうさん　とうだい（灯台）　わこうど（若人）　おうむ　かおう（買）　あそぼう（遊）　おはよう（早）　おうぎ（扇）　ほうる（放）　とう（塔）　よいでしょう　はっぴょう（発表）　きょう（今日）　ちょうちょう（蝶*々）

（2）表記の慣習による特例

1）助詞の「を」は、「を」と書く。

例：本を読む　　岩をも通す　　失礼をばいたしました　　やむをえない　　いわんや…をや　　よせばよいものを　てにをは

2）助詞の「は」は、「は」と書く。

例：今日は日曜です　　山では雪が降りました　あるいは　　または　もしくは　　いずれは　　さては　　ついては　　ではさようなら　　とはいえ　　惜しむらくは　　恐らくは　　願わくは　これはこれは　　こんにちは　　こんばんは　　悪天候もものかは

[注意] 次のようなものは、この例にあたらないものとする。
いまわの際　　すわ一大事　　雨も降るわ風も吹くわ　来るわ来るわ　　きれいだわ

3）助詞の「へ」は、「へ」と書く。

例：故郷へ帰る　　…さんへ　　母への便り　　駅へは数分

4）動詞の「いう（言)」は、「いう」と書く。

例：ものをいう（言）　いうまでもない　昔々あったという

どういうふうに　人というもの　こういうわけ

5）次のような語は、「ぢ」「づ」を用いて書く。

[1] 同音の連呼によって生じた「ぢ」「づ」

例：ちぢみ（縮）　ちぢむ　ちぢれる　ちぢこまる　つづみ（鼓）　つづら　つづく（続）　つづめる（約△）　つづる（綴*）

[注意]「いちじく」「いちじるしい」は、この例にあたらない。

[2] 二語の連合によって生じた「ぢ」「づ」

例：はなぢ（鼻血）　そえぢ（添乳）　もらいぢち　そこぢから（底力）　ひぢりめん　いれぢえ（入知恵）　ちゃのみぢゃわん　まぢか（間近）　こぢんまり　ちかぢか（近々）　ちりぢり　みかづき（三日月）　たけづつ（竹筒）　たづな（手綱）　ともづな　にいづま（新妻）　けづめ　ひづめ　ひげづら　おこづかい（小遣）　あいそづかし　わしづかみ　こころづくし（心尽）　てづくり（手作）　こづつみ（小包）　ことづて　はこづめ（箱詰）　はたらきづめ　みちづれ（道連）　かたづく　こづく（小突）　どくづく　もとづく　うらづける　ゆきづまる　ねばりづよい　つねづね（常々）　つくづく　つれづれ

なお、次のような語については、現代語の意識では一般に二語に分解しにくいもの等として、それぞれ「じ」「ず」を用いて書くことを本則とし、「せかいぢゅう」「いなづま」のように「ぢ」「づ」を用いて書くこともできるものとする。

例：せかいじゅう（世界中）　いなずま（稲妻）　かたず（固唾）　きずな（絆*）　さかずき（杯）　ときわず　ほおずき　みみずく　うなずく　おとずれる（訪）　かしずく　つまずく　ぬかずく

ひざまずく　あせみずく　くんずほぐれつ　さしずめ　でずっぱり　なかんずく　うでずく　くろずくめ　ひとりずつ　ゆうずう（融通）

［注意］次のような語の中の「じ」「ず」は、漢字の音読みでもともと濁っているものであって、上記［1］［2］のいずれにもあたらず、「じ」「ず」を用いて書く。

例：じめん（地面）　ぬのじ（布地）　ずが（図画）　りゃくず（略図）

6）次のような語は、オ列の仮名に「お」を添えて書く。

例：おおかみ　おおせ（仰）　おおやけ（公）　こおり（氷・郡△）　こおろぎ　ほお（頬・朴△）　ほおずき　ほのお（炎）　とお（十）　いきどおる（憤）　おおう（覆）　こおる（凍）　しおおせる　とおる（通）　とどこおる（滞）　もよおす（催）　いとおしい　おおい（多）　おおきい（大）　とおい（遠）　おおむね　おおよそ

これらは、歴史的仮名遣いでオ列の仮名に「ほ」または「を」が続くものであって、オ列の長音として発音されるか、オ・オ、コ・オのように発音されるかにかかわらず、オ列の仮名に「お」を添えて書くものである。

7）付 記

次のような語は、エ列の長音として発音されるか、エイ、ケイなどのように発音されるかにかかわらず、エ列の仮名に「い」を添えて書く

例：かれい　せい（背）　かせいで（稼）　まねいて（招）　春めいて　へい（塀）　めい（銘）　れい（例）　えいが（映画）　とけい（時計）　ていねい（丁寧）

2．送り仮名

平成22年11月30日　内閣告示第3号（筆者が一部編集しました）

送り仮名とは「国語の表記法で書いた語の読みを明らかにするために、その語の末部を漢字の下に付けて表す仮名」を言います。内閣の送り仮名に関する告示・訓令は、日本語の送り仮名に一定の基準を与えるものです。例えば、「うまれる」を「生まれる」とするのか「生れる」とするのかと言った基準です。

(1) 単独の語で活用のある語

●通則1

本則：活用のある語（通則2を適用する語を除く。）は、活用語尾を送る。

[例] 憤る　承る　書く　実る　催す　生きる　陥れる　考える　助ける　荒い　潔い　賢い　濃い　主だ

例外：

[1] 語幹が「し」で終わる形容詞は、「し」から送る。

[例] 著しい　惜しい　悔しい　恋しい　珍しい

[2] 活用語尾の前に「か」、「やか」、「らか」を含む形容動詞は、その音節から送る。

[例] 暖かだ　細かだ　静かだ　穏やかだ　健やかだ　和やかだ　明らかだ　平らかだ　滑らかだ　柔らかだ

[3] 次の語は、次に示すように送る。

明らむ　味わう　哀れむ　慈しむ　教わる　脅かす（おどかす）　脅かす（おびやかす）　関わる　食らう　異なる　逆らう　捕まる　群がる　和らぐ　揺する　明るい　危ない　危うい　大きい　少ない　小さい　冷たい　平たい　新ただ　同じだ　盛んだ　平らだ　懇ろだ　惨めだ　哀れだ　幸いだ　幸せだ　巧みだ

許容：次の語は、（　）の中に示すように、活用語尾の前の音節から送ることができる。

表す（表わす）　著す（著わす）　現れる（現われる）　行う（行なう）　断る（断わる）　賜る（賜わる）

［注意］語幹と活用語尾との区別がつかない動詞は、例えば、「着る」、「寝る」、「来る」などのように送る。

●通則2

本則：活用語尾以外の部分に他の語を含む語は、含まれている語の送り仮名の付け方によって送る。（含まれている語を〔　〕の中に示す。）

［例］

［1］動詞の活用形又はそれに準ずるものを含むもの。

動かす〔動く〕　照らす〔照る〕　語らう〔語る〕　計らう〔計る〕　向かう〔向く〕　浮かぶ〔浮く〕　生まれる〔生む〕　押さえる〔押す〕　捕らえる〔捕る〕　勇ましい〔勇む〕　輝かしい〔輝く〕　喜ばしい〔喜ぶ〕　晴れやかだ〔晴れる〕　及ぼす〔及ぶ〕　積もる〔積む〕　聞こえる〔聞く〕　頼もしい〔頼む〕　起こる〔起きる〕　落とす〔落ちる〕　暮らす〔暮れる〕　冷やす〔冷える〕　当たる〔当てる〕　終わる〔終える〕　変わる〔変える〕　集まる〔集める〕　定まる〔定める〕　連なる〔連ねる〕　交わる〔交える〕　混ざる・混じる〔混ぜる〕　恐ろしい〔恐れる〕

［2］形容詞・形容動詞の語幹を含むもの。

重んずる〔重い〕　若やぐ〔若い〕　怪しむ〔怪しい〕　悲しむ〔悲しい〕　苦しがる〔苦しい〕　確かめる〔確かだ〕　重たい〔重い〕　憎らしい〔憎い〕　古めかしい〔古い〕　細かい〔細かだ〕　柔らかい〔柔らかだ〕　清らかだ〔清い〕　高らかだ〔高い〕　寂しげだ〔寂しい〕

［3］名詞を含むもの。

汗ばむ〔汗〕　先んずる〔先〕　春めく〔春〕　男らしい〔男〕　後ろめたい〔後ろ〕

許容：読み間違えるおそれのない場合は、活用語尾以外の部分について、次の（　）の中に示すように、送り仮名を省くことができる。

〔例〕浮かぶ〔浮ぶ〕　生まれる〔生れる〕　押さえる〔押える〕　捕ら

える〔捕える〕　晴れやかだ〔晴やかだ〕　積もる〔積る〕　聞こえる〔聞える〕　起こる〔起る〕　落とす〔落す〕　暮らす〔暮す〕　当たる〔当る〕　終わる〔終る〕　変わる〔変る〕

［注意］次の語は、それぞれ〔　〕の中に示す語を含むものとは考えず、通則1によるものとする。　明るい〔明ける〕　荒い〔荒れる〕　悔しい〔悔いる〕　恋しい〔恋う〕

(2) 単独の語で活用のない語

●通則3

本則：名詞（通則4を適用する語を除く。）は、送り仮名を付けない。

〔例〕月　鳥　花　山　男　女　彼　何

例外：

［1］次の語は、最後の音節を送る。

辺り　哀れ　勢い　幾ら　後ろ　傍ら　幸い　幸せ　全て　互い　便り　半ば　情け　斜め　独り　誉れ　自ら　災い

［2］数をかぞえる「つ」を含む名詞は、その「つ」を送る。

〔例〕一つ　二つ　三つ　幾つ

●通則4

本則：活用のある語から転じた名詞及び活用のある語に「さ」、「み」、「げ」などの接尾語が付いて名詞になったものは、もとの語の送り仮名の付け方によって送る。

〔例〕

(1) 活用のある語から転じたもの。

動き　仰せ　恐れ　薫り　曇り　調べ　届け　願い　晴れ　当たり　代わり　向かい　狩り　答え　問い　祭り　群れ　憩い　愁い　憂い　香り　極み　初め　近く　遠く

(2)「さ」、「み」、「げ」などの接尾語が付いたもの。

暑さ　大きさ　正しさ　確かさ 明るみ　重み　憎しみ 惜しげ

例外：次の語は、送り仮名を付けない。

謡　虜　趣　氷　印　頂　帯　畳 卸　煙　恋　志　次　隣　富　恥　話　光　舞 折　係　掛（かかり）　組　肥　並（なみ）　巻　割

［注意］ここ掲げた「組」は、「花の組」、「赤の組」などのように使った場合の「くみ」であり、例えば、「活字の組みがゆるむ。」などとして使う場合の「くみ」を意味するものではない。「光」、「折」、「係」なども、同様に動詞の意識が残っているような使い方の場合は、この例外に該当しない。したがって、本則を適用して送り仮名を付ける。

許容：読み間違えるおそれのない場合は、次の（　）の中に示すように、送り仮名を省くことができる。

〔例〕曇り（曇）　届け（届）　願い（願）　晴れ（晴）　当たり（当り）　代わり（代り）　向かい　（向い）　狩り（狩）　答え（答）　問い（問）　祭り（祭）　群れ（群）　憩い（憩）

●通則5

本則：副詞・連体詞・接続詞は、最後の音節を送る。

〔例〕必ず　更に　少し　既に　再び　全く　最も 来る　去る 及び　且つ　但し

例外：

(1) 次の語は、次に示すように送る。

明くる　大いに　直ちに　並びに　若しくは

(2) 次の語は、送り仮名を付けない。

又

(3) 次のように、他の語を含む語は、含まれている語の送り仮名の付け方によって送る。(含まれている語を〔　〕の中に示す。)

〔例〕併せて〔併せる〕 至って〔至る〕 恐らく〔恐れる〕 従って〔従う〕 絶えず〔絶える〕 例えば〔例える〕 努めて〔努める〕 辛うじて〔辛い〕 少なくとも〔少ない〕 互いに〔互い〕 必ずしも〔必ず〕

(3) 複合の語

●通則6

本則：複合の語（通則7を適用する語を除く。）の送り仮名は、その複合の語を書き表す漢字の、それぞれの音訓を用いた単独の語の送り仮名の付け方による。

〔例〕

(1) 活用のある語

書き抜く　流れ込む　申し込む　打ち合わせる　向かい合わせる　長引く　若返る　裏切る　旅立つ　聞き苦しい　薄暗い　草深い　心細い　待ち遠しい　軽々しい　若々しい　女々しい　気軽だ　望み薄だ

(2) 活用のない語

石橋　竹馬　山津波　後ろ姿　斜め左　花便り　独り言　卸商　水煙　目印　田植え　封切り　物知り　落書き　雨上がり　墓参り　日当たり　夜明かし　先駆け　巣立ち　手渡し　入り江　飛び火　教え子　合わせ鏡　生き物　落ち葉　預かり金　寒空　深情け　愚か者　行き帰り　伸び縮み　乗り降り　抜け駆け　作り笑い　暮らし向き　売り上げ　取り扱い　乗り換え　引き換え　歩み寄り　申し込み　移り変わり　長生き　早起き　苦し紛れ　大写し　粘り強さ　有り難み　待ち遠しさ　乳飲み子　無理強い　立ち居振る舞い　呼び出し電話　次々　常々　近々　深々　休み休み　行く行く

許容：読み間違えるおそれのない場合は、次の（　）の中に示すように、送り仮名を省くことができる。

〔例〕書き抜く（書抜く）　申し込む（申込む）　打ち合わせる（打ち合せる・打合せる）　向かい合わせる（向い合せる）　聞き苦しい（聞苦しい）　待ち遠しい（待遠しい）　田植え（田植）　封切り（封切）　落書き（落書）　雨上がり（雨上り）　日当たり（日当り）　夜明かし（夜明し）　入り江（入江）　飛び火（飛火）　合わせ鏡（合せ鏡）　預かり金（預り金）　抜け駆け（抜駆け）　暮らし向き（暮し向き）　売り上げ（売上げ・売上）　取り扱い（取扱い・取扱）　乗り換え（乗換え・乗換）　引き換え（引換え・引換）　申し込み（申込み・申込）　移り変わり（移り変り）　有り難み（有難み）　待ち遠しさ（待遠しさ）　立ち居振る舞い（立ち居振舞い・立ち居振舞・立居振舞）　呼び出し電話（呼出し電話・呼出電話）

［注意］「こけら落とし（こけら落し）」、「さび止め」、「洗いざらし」、「打ちひも」のように前又は後ろの部分を仮名で書く場合は、他の部分については、単独の語の送り仮名の付け方による。

●通則７

複合の語のうち、次のような名詞は、慣用に従って、送り仮名を付けない。

〔例〕

(1) 特定の領域の語で、慣用が固定していると認められるもの。

ア 地位・身分・役職等の名。

関取　頭取　取締役　事務取扱

イ 工芸品の名に用いられた「織」、「染」、「塗」等。

《博多》織　《型絵》染　《春慶》塗　《鎌倉》彫　《備前》焼

ウ その他。

書留　気付　切手　消印　小包　振替　切符　踏切　請負　売値

買値　仲買　歩合　両替　割引　組合　手当　倉敷料　作付面積　売上《高》 貸付《金》 借入《金》 繰越《金》 小売《商》積立《金》 取り扱い《所》 取り扱い《注意》 取次《店》 取引《所》乗換《駅》 乗組《員》 引受《人》 引受《時刻》 引換《券》《代金》引換　振出《人》 待合《室》 見積《書》 申込《書》

(2) 一般に、慣用が固定していると認められるもの。

奥書　木立　子守　献立　座敷　試合　字引　場合　羽織　葉巻　番組　番付　日付　水引　物置　物語　役割　屋敷　夕立　割合　合図　合間　植木　置物　織物　貸家　敷石　敷地　敷物　立場　建物　並木　巻紙　受付　受取　浮世絵　絵巻物　仕立屋

[注意]

(1)「《博多》織」、「売上《高》」などのようにして掲げたものは、《　》の中を他の漢字で置き換えた場合にも、この通則を適用する。

通則7を適用する語は、例として挙げたものだけで尽くしてはいない。したがって、慣用が固定していると認められる限り、類推して同類の語にも及ぼすものである。通則7を適用してよいかどうか判断し難い場合には、通則6を適用する。

(4) 付表の語

「常用漢字表」の「付表」に掲げてある語のうち、送り仮名の付け方が問題となる次の語は次のようにする。

① 次の語は、次に示すように送る。

浮つく　お巡りさん　差し支える　立ち退く　手伝う　最寄り

なお、次の語は、(　) の中に示すように、送り仮名を省くことが出来る。

差し支える（差支える）　立ち退く（立退く）

② 次の語は送り仮名を付けない。

息吹　桟敷　時雨　築山　名残　雪崩　吹雪　迷子　行方

【外来語】

1.「ハンカチ」と「ハンケチ」、「グローブ」と「グラブ」のように、語形にゆれのあるものについて、その語形をどちらかに決めようとはしていない。

2. 語形やその書き表し方については、慣用が定まっているものはそれによる。分野によって異なる慣用が定まっている場合には、それぞれの慣用によって差し支えない。

例　イェ→イエ　　ウォ→ウオ　　トゥ→ツ、ト　　ヴァ→バ

特別な音の書き表し方については、取り決めを行わず、自由とすることとしたが、その中には、例えば、「スィ」「ズィ」「グィ」「グェ」「グォ」「キェ」「ニェ」「ヒェ」「フョ」「ヴョ」等の仮名が含まれる。

【参考文献】（順不同）

- Capers Jones、「ソフトウェア品質のガイドライン」、共立出版、1999年
- 長尾清一、『先制型プロジェクト・マネジメント――なぜ、あなたのプロジェクトは失敗するのか：Proactive Project Management』、ダイヤモンド社、2003年
- SLCP-JCF委員会編、『共通フレーム98』、通産資料調査会、1998年
- Akira K. Onoma、「ソフトウェア工学 ー理論と実践ー2002年度版」、http://cis.k.hosei.ac.jp/~akonoma/hbookgslide.pdf
- 小山仁、井上正和、『ITコーディネータ実践の手引き』、同友館、2002年
- 藤沢晃治、『「分かりやすい表現」の技術』、講談社、1999年
- 長尾真、『「わかる」とは何か』、岩波書店、2001年
- 西川猛史、『図解雑学 ソフトウェア開発』、ナツメ社、2002年
- 国立国語研究所「外来語」委員会、『第3回「外来語」言い換え提案』、http://www.kokken.go.jp/public/gairaigo/Teian3/iikaego.html
- 高橋昭男、『技術系の文章作法』、共立出版、1995年
- 植垣節也、『文章表現の技術』、講談社、1979年
- 板坂元、『考える技術・書く技術』、講談社、1973年
- 今井盛章、『職場の文章はどう書くか』、学陽書房、1983年
- 大野晋、『日本語練習帳』、岩波書店、1999年
- 金田一春彦、『日本語（上）（下）』、岩波書店、1988年
- 本多勝一、『日本語の作文技術』、朝日新聞社出版局、1982年
- 本多勝一、『実戦・日本語の作文技術』、朝日新聞社、1994年
- 本多勝一、『事実とは何か』、朝日新聞社出版局、1984年
- 清水幾太郎、『論文の書き方』、岩波書店、1959年
- 三浦つとむ、『日本語とはどういう言語か』、講談社、1976年
- 佐伯智義、『英語の科学的学習法』、講談社、1997年

表3-1●「高い」「信頼性」「通信」「実現する」をつないで作ることができる日本語の文章

（1）「高い」を先頭に置いた場合

1	高い		信頼性	の	通信	を	実現する
2	高い		信頼性	の	通信	が	実現する
3	高い		信頼性	の	通信	は	実現する
4	高い		信頼性	の	通信	で	実現する
5	高い		信頼性	で	通信	を	実現する
6	高い		信頼性	で	通信	が	実現する
7	高い		信頼性	で	通信	は	実現する
8	高い		信頼性	は	通信	を	実現する
9	高い		信頼性	は	通信	で	実現する
10	高い		信頼性	は	通信	が	実現する
11	高い		通信	の	信頼性	を	実現する
12	高い		通信	の	信頼性	が	実現する
13	高い		通信	の	信頼性	は	実現する
14	高い		通信	の	信頼性	で	実現する
15	高い		通信	で	信頼性	を	実現する
16	高い		通信	で	信頼性	が	実現する
17	高い		通信	の	信頼性	で	実現する
18	高い		通信	で	信頼性	を	実現する
19	高い		通信	で	信頼性	が	実現する
20	高い		通信	で	信頼性	は	実現する

（2）「信頼性」を先頭に置いた場合

1	信頼性	の	高い		通信	を	実現する
2	信頼性	の	高い		通信	が	実現する
3	信頼性	の	高い		通信	は	実現する
4	信頼性	の	高い		通信	で	実現する
5	信頼性	が	実現する		高い		通信
6	信頼性	を	実現する		高い		通信
7	信頼性	は	実現する		高い		通信
8	信頼性	で	実現する		高い		通信
9	信頼性	が	実現する		通信	は	高い
10	信頼性	を	実現する		通信	は	高い
11	信頼性	は	実現する		通信	は	高い
12	信頼性	で	実現する		通信	は	高い
13	信頼性	が	実現する		通信	が	高い
14	信頼性	を	実現する		通信	が	高い
15	信頼性	は	実現する		通信	が	高い
16	信頼性	で	実現する		通信	が	高い

（3）「通信」を先頭に置いた場合

1	通信	の	実現する
2	通信	が	実現する
3	通信	を	実現する
4	通信	は	実現する
5	通信	で	実現する
6	通信	、	実現する
7	通信	と	実現する
8	通信	へ	実現する
9	通信	に	実現する
10	通信	よ	実現する
11	通信	が	高い
12	通信	が	高い
13	通信	が	高い
14	通信	で	高い
15	通信	で	高い
16	通信	で	高い
17	通信	は	高い
18	通信	は	高い
19	通信	は	高い
20	通信	は	高い
21	通信	が	高い
22	通信	は	高い
23	通信	で	高い
24	通信	が	高い
25	通信	は	高い
26	通信	で	高い

		高い		信頼性
		高い		信頼性
		高い		信頼性
		高い		信頼性
		高い		信頼性
		高い		信頼性
		高い		信頼性
		高い		信頼性
		高い		信頼性
		高い		信頼性
		信頼性	を	実現する
		信頼性	が	実現する
		信頼性	に	実現する
		信頼性	を	実現する
		信頼性	が	実現する
		信頼性	に	実現する
		信頼性	を	実現する
		信頼性	が	実現する
		信頼性	に	実現する
		信頼性	で	実現する
		信頼性	も	実現する
		信頼性	も	実現する
		信頼性	も	実現する
		信頼性	へ	実現する
		信頼性	へ	実現する
		信頼性	へ	実現する

(4)「実現する」を先頭に置いた場合

1	実現する		通信	は	高い		信頼性
2	実現する		通信	が	高い		信頼性
3	実現する		通信	の	高い		信頼性
4	実現する		通信	に	高い		信頼性
5	実現する		通信	を	高い		信頼性
6	実現する		通信	で	高い		信頼性
7	実現する		通信	も	高い		信頼性
8	実現する		通信	、	高い		信頼性
9	実現する		通信	と	高い		信頼性
10	実現する		高い		信頼性		通信
11	実現する		高い		信頼性	を	通信
12	実現する		高い		信頼性	が	通信
13	実現する		高い		信頼性	に	通信
14	実現する		高い		信頼性	を	通信
15	実現する		高い		信頼性	で	通信
16	実現する		高い		信頼性	は	通信
17	実現する		高い		信頼性	も	通信
18	実現する		高い		信頼性	へ	通信
19	実現する		高い		信頼性	の	通信
20	実現する		信頼性	の	高い		通信
21	実現する		信頼性	は	高い		通信
22	実現する		信頼性	が	高い		通信
23	実現する		信頼性	へ	高い		通信
24	実現する		信頼性	に	高い		通信
25	実現する		信頼性	で	高い		通信
26	実現する		信頼性	を	高い		通信
27	実現する		信頼性	も	高い		通信
28	実現する		信頼性	と	高い		通信
29	実現する		信頼性	、	高い		通信
30	実現する		信頼性		高い		通信
31	実現する		信頼性		通信	が	高い
32	実現する		信頼性		通信	は	高い
33	実現する		信頼性		通信	も	高い
34	実現する		信頼性		通信	で	高い
35	実現する		信頼性		通信	と	高い
36	実現する		信頼性		通信	、	高い

おわりに

本書は2005年11月に出版された『SEを極める　仕事に役立つ文章作成術』の第二版・増補改訂版に当たる。初版に対し、補筆と修整を施し、本文の組み方を読みやすくしたので、書名を改めた。増補改訂版では、文章の査読・指導方法に関する解説を拡充した。さらに、本書の内容を理解できたかどうかを確認できるチェックテストを収録した。

初版については増刷を繰り返し、6刷目に至った。出版からその間、約11年が経過した。11年間と言えば随分長いように思える。しかし執筆した立場としては瞬目であった。初版を出版してから研修やセミナーの依頼が企業から多くあり、それに応対しているうちに、11年が過ぎ去った。

第二版を作るにあたっての筆者の思いは巻頭の「はじめに」に記した通りである。ここでは、本書を執筆、刊行することになった経緯を紹介しておきたい。

本書が生まれた場所は日本情報システム・ユーザー協会（JUAS）である。JUASには多くの研究部会がある。その一つ、「ビジネスオブジェクト研究部会」で部会長を務めていたとき、特異なことを数度耳にした。日本語はオブジェクト指向技術には不向きな言語だという。オブジェクト指向技術の専門家数名が発言していた。部会員からも同様な意見が出た。そんな馬鹿な、というのが率直な疑問だった。

言語はどのようなものであれ普遍的な論理性を備えている。日本語もそうである。仮にそうでないとすれば言語による意思疎通を基本とする人間社会は成り立たないではないか。そう考えて、日本語の論理性について個人で研究を始めた。

2004年7月、当時JUASの専務理事をされていた細川泰秀氏から「ソフトウエア関連文章の品質がソフトウエア開発全体の生産性に影響を与えていると思うがどうか」と質問があった。長年のプロマネ経験から「そう思う」と答えた。当時から「ソフトウエア技術者の文章力が弱い」という指摘があった。

動かざるして批判するなかれ。ソフトウエアに関係する文章の書き方をまとめた教材をJUASで作ろうと決まり、「ソフトウエア文章化プロジェクト」と銘打って、2004年9月より活動を開始、7カ月後におおよその完成をみた。

JUASは毎年、部会報告フォーラムを開催する。出席者には企業の情報システム部門の責任者が多い。文章化プロジェクトの成果を報告したところ、「開発した教材を欲しい」と数社から申し入れがあった。企業の中にあって、ソフトウエア技術者の文章力に危惧をいだいている人がいた。そうであろう。そうでなければ企業はおかしくなる。

教材として提供するだけではなく、研修をJUASが主催して始めた。受講生のほとんどから、研修内容について高い評価を得ることができた。「乾いたスポンジが水を吸収するがごとく知識を得た」と述べていた人もいた。「中国に来て研修しないか」と言う話も出た。中国人技術者に教えたいとのことだった。

研修に対する反応や教えて分かったことを教材に反映し、改善していった。各企業からの要望が増えてきたため、「ソフトウエア文章作法」として製本し配布する準備をJUASでしていたとき、日経BP社から出版しないかと持ちかけられた。この本が書店に並ぶ。全国のソフトウエア技術者に読んでもらうことができる。断る理由はなかった。こうして本書は世に出たのである。

第二版を編集する過程で、恣意的な表現が多い本だと改めて実感した。読まれた方もその点に気づかれると思う。ソフトウエアの世界に40年近く携わってきた技術者としての経験を自分の言葉で語りたかった。40年近く実務の世界にいて自分の考えを言えなければ引退である。若い技術者を目の前に置いて、語りかけるように書きたかった。この方針には、ソフトウエア文章化プロジェクトのメンバーも大いに賛同してくれた。

さもあれ、読み返してみると書き足らなかった部分が多いことに気づく。私の文章力が不足しているが所以である。宿老のご叱正を頂戴したい。

本書は多くの方々のご支援があって完成できた。JUASにおいて、本書を書くきっかけをつくり堅忍不抜のご支援を頂いた細川泰秀氏、議事録の作成から原稿の修正まで1年以上携わっていただいた近田敦子さん、査読に時間を割いていただいた職員の方々。謹んで感謝の意を表したい。

まだ本書が半製品状態の時、自社施設を提供し優秀な自社ソフトウエア技術者を動員してまで実践的研修を実現していただいたJUAS会員企業の方々、および研修内容についての貴重な意見をくださった社員の方々に改めて御礼申し上げる。おかげで本書を実践に即するよう改善することができた。

本書の出版を決め、示唆に富む指針を与えていただいた田口潤氏、小姑を自称し、されど明晰な論理展開による的確な校正をして下さった千田淳氏、第二版の企画を進めてくれた目次康男氏と谷島宣之氏に謝意を表したい。増補改訂版を作るにあたって、査読に関する解説やチェックテストを作って下さった豊田倫子氏にも感謝の意を伝えたい。

原稿を書きながら脳裏に浮かんできた古巣、すなわち私の勤務していた会社の先輩と後輩たち、変人扱いしながらも長年付き合ってくれている友人たちに感謝したい。これらの人たちとの縁なくして本書を書き、まとめることはできなかったであろう。

福田　修

本書の査読添削問題を作成するにあたり、イライラする文章を約200例、分析をしてみた。スッキリと伝わらない原因は、一文一意になっていない、助詞の使い方を間違っている、抽象度が高くあいまいな表現である、回りくどい表現など、技術文章の基礎であるビジネスにおける文書の書き方ができていないというものだった。そして、情報が伝わらない文章の約50％は、複数の原因を抱えていた。例えば、一つの文章の中に二つ以上の事柄を含んだうえに複文であり、さらに助詞の使い方が不正であるというように、読み手の理解プロセスに大変な負担をかける文章になっていた。

文章はコミュニケーションの手段であり、コミュニケーションは技術である。したがって、「文章を書く力は技術」であるといえる。そして、技術であれば、正しい訓練をすることで、だれでも身に付けることができる。

「文章力は、手順を踏んで学べば確実にアップする。」

技術文章だけではなく、E-メールをはじめとする文章によるコミュニケーションが増えた今では、文章は信頼関係を築く手段でもある。1行の文章で、相手を感動させることもできれば、人間関係が壊れてしまうこともある。文章作成能力は、仕事のできる人が備える重要なスキルの一つであるといえる。

心理トレーニングでイラっとしたときに対処方法があるように、文章にも今日からすぐにできるテクニックがあり、また、ダイエットを実行するように少し時間がかかるものもある。

どちらを行うにしても、自分自身の文章の癖や間違いに一つでも早く気付いた人から成長し、一つ改善できた人は次々に改善ができ、ステップアップしていくのは確かだ。まずは、1日1通のメール査読を5分で行うことから始めてみよう。1日8時間勤務であれば、96回もチャンスがある。1週間でメールの文章力が上がる。1カ月で実用文章、3カ月で技術文章を作成する力は確実に向上する。ぜひ、最初の小さなステップを上ってほしい。

査読添削問題は、どんな理屈に基づくのか簡単に説明し、改善例も掲載した。解説は原理原則をふまえた。部下や後輩に指導するとき、文章を作成していて予期しない問題に遭遇したときにも役に立つものなので、ぜひ活用していただきたい。

最後に、週末コラム、セミナー、本書の企画をして下さった目次康男氏、八木玲子氏、第1版出版のときに講師としてのスキルトランスファーをしてくださり成長を見守ってくださった福田修氏に謝意を表したい。

そして、欠陥文章に悩みながらプロジェクトを一緒に乗り越えてきてくれた仲間たち、開発現場での失敗事例を教えてくれた古くからの友人たちに感謝する。

ありがとうございました。

豊田 倫子

テクノロジー・オブ・アジア株式会社 代表取締役
福田 修 Osamu Fukuda

オペレーティング・システムを専門とし、その延長にあるコンパイラ言語の開発及びインタプリタ言語の設計と開発を行う。その後プロマネとして金融システム・流通システム・旅行システム・新聞システムなどの開発に従事する。1997年にテクノロジー・オブ・アジアを設立して独立し代表取締役に就任。我が国における知的所有権ビジネス推進を目指し、ソフトウエア・パッケージの企画・開発を行う。国内でシステムの要件定義と設計を行い海外に開発を委託するオフショア・ビジネスを構築している。日本情報システム・ユーザー協会（JUAS）において「ナレッジ・マネージメント研究部会」「ビジネスオブジェクト研究部会」「要求仕様研究部会」「SEの為の話す技術研究部会」などの部会長を歴任。主な著作に「エンジニアのための文章上達塾」（アスキークラウド）「要求仕様の美学」（IT Leaders）などがある。

コンピュータハウス ザ・ミクロ東京 代表
豊田 倫子 Michiko Toyota

ヘルプデスクや検証技術者などを経て、約23年前から教育サービスに携わる。業務システム導入支援教育プロジェクト、企業研修を多数担当。そこで得た内容を体系化しビジネススキルとしてリーダーやマネージャ研修、新人研修などのセミナー・研修に利用している。
人材育成研修の受講生は約8万人。これまでに5000人以上の文章添削をしてきた。2015年に特定非営利活動法人コミュニケーションプロスペリティを設立し、代表理事に就任。人材育成のために、書く力・話す力を基礎にコミュニケーション力を強化する活動を展開している。認定レジリエンストレーニング講師でもある。特定非営利活動法人コミュニケーションプロスペリティ代表理事、一般社団法人ウィメンズ・エンパワメント・イン・ファッション監事／運営委員を務める。

SEとプロマネを極める
仕事が早くなる文章作法 増補改訂版

2014年 3月31日 初版第1刷発行
2016年12月13日 第2版第1刷発行
2019年11月 6日 第3刷発行

著 者 福田 修 豊田 倫子
編 集 一般社団法人 日本情報システム・ユーザー協会
発行者 望月 洋介
発 行 日経BP社
発 売 日経BPマーケティング
〒105-8308 東京都港区虎ノ門4-3-12
装丁・制作 松川 直也（日経BPコンサルティング）
印刷・製本 大日本印刷株式会社

ISBN 978-4-8222-3909-1
Printed in Japan